V. Le texte forme 2 vol. 8.°

PLANCHES DU TRAITÉ

des

Carrés, Cubes & Cercles magiques,

PAR

B. VIOLLE, GÉOMÈTRE,

Chevalier de St. Louis.

Dijon, Lith. de Douillier.

Figure 15.

2	75	71	70	69	68	3	1	10
4	18	17	59	58	57	56	22	78
5	19	45	52	29	36	43	63	77
6	20	51	33	35	42	44	62	76
66	54	32	34	41	48	50	28	16
67	55	38	40	47	49	31	27	15
73	61	39	46	53	30	37	21	9
74	60	65	23	24	25	26	64	8
72	7	11	12	13	14	79	81	80

Figure 16.

2	75	71	70	69	68	3	1	10
4	18	17	59	58	57	56	22	78
5	19	29	50	49	46	31	63	77
6	20	30	44	37	42	52	62	76
66	54	47	39	41	43	35	28	16
67	55	48	40	45	38	34	27	15
73	61	51	32	33	36	53	21	9
74	60	65	23	24	25	26	64	8
72	7	11	12	13	14	79	81	80

Figure 17.

3	81	65	68	24	8	54	61	5
13	16	80	78	76	10	9	18	69
15	7	45	52	29	36	43	75	67
25	11	51	33	35	42	44	71	57
56	59	32	34	41	48	50	23	26
55	60	38	40	47	49	31	22	27
62	70	39	46	53	30	37	12	20
63	64	2	4	6	72	73	66	19
77	1	17	14	58	74	28	21	79

Figure 18.

3	112	111	107	105	104	103	8	7	6	5
1	22	95	91	90	89	88	23	21	30	121
2	24	38	81	77	76	74	39	42	98	120
4	25	37	51	73	70	56	55	85	97	118
9	26	40	50	60	59	64	72	82	96	113
102	86	75	68	65	61	57	54	47	36	20
106	87	78	69	58	63	62	53	44	35	16
108	93	79	67	49	52	66	71	43	29	14
109	94	80	41	45	46	48	83	84	28	13
110	92	27	31	32	33	34	99	101	100	12
117	10	11	15	17	18	19	114	115	116	119

Figure 19.

75	33	4	25	17	54	68	55	38
34	8	27	14	46	65	57	42	76
5	19	11	48	69	58	43	80	36
21	15	49	70	62	45	77	28	2
16	53	72	59	37	74	30	6	22
50	64	56	39	78	31	7	26	18
66	60	40	79	35	9	23	10	47
61	44	81	32	1	20	12	51	67
41	73	29	3	24	13	52	71	63

Figure 21.

6	93	125	142	189	11	103	135	137	184	1	98	130	147	194
17	64	106	158	205	27	74	111	153	200	22	69	116	163	210
33	50	82	174	221	43	60	77	169	211	38	55	87	179	216
94	121	143	190	12	104	126	138	185	7	99	131	148	195	2
65	112	159	206	28	75	107	154	196	23	70	117	164	201	18
46	83	175	222	44	51	78	170	217	39	56	88	180	212	34
127	144	191	13	105	122	139	181	8	100	132	149	186	3	95
113	160	207	29	66	108	155	202	24	71	118	165	197	19	61
84	176	223	45	47	79	166	218	40	57	89	171	213	35	52
145	192	14	96	123	140	187	9	101	133	150	182	4	91	128
161	208	30	62	109	151	203	25	72	119	156	198	20	67	114
177	224	36	48	80	172	219	41	58	90	167	214	31	53	85
193	15	92	124	136	188	10	102	134	141	183	5	97	129	146
209	21	63	110	157	204	26	73	120	152	199	16	68	115	162
225	32	49	76	173	220	42	59	81	168	215	37	54	86	178

Figure 23.

69	70	65	8	1	6	49	48	53
64	68	72	3	5	7	54	50	46
71	66	67	4	9	2	47	52	51
24	25	20	42	37	44	62	55	60
19	23	27	43	41	39	57	59	61
26	21	22	38	45	40	58	63	56
31	36	29	76	81	74	13	12	17
30	32	34	75	77	79	18	14	10
35	28	33	80	73	78	11	16	15

Figure 26.

127	79	7	576	478	33	609	262	425	311	165	56	446	110	198	397	289	241	342	355	468	520	569	549	213
323	572	539	216	142	80	18	395	494	49	613	252	504	307	151	53	433	109	187	400	266	240	531	371	460
226	328	358	450	512	575	536	215	131	96	10	598	497	39	616	267	406	318	170	69	449	113	177	379	282
116	192	350	293	245	344	574	463	302	554	532	201	128	83	9	587	300	36	615	236	421	310	173	72	439
309	162	76	436	115	181	396	285	248	347	364	466	517	555	543	220	144	99	13	577	470	32	601	253	408
43	620	269	424	313	152	54	437	101	178	383	284	237	380	361	465	506	571	535	225	147	89	16	592	480
86	15	581	496	38	623	272	414	316	167	58	445	120	184	399	288	227	329	357	451	503	558	534	212	180
374	338	202	129	82	1	578	483	34	612	275	411	315	186	71	435	123	197	389	291	242	330	368	470	510
346	360	473	522	364	541	217	130	93	20	594	499	38	602	254	407	301	183	58	434	112	200	386	290	231
179	382	276	328	333	359	462	525	561	540	206	146	85	23	587	488	41	617	233	418	320	160	74	438	102
172	64	441	117	180	393	295	244	340	363	452	504	557	526	203	133	84	12	600	486	40	606	271	410	323
603	258	409	312	175	61	440	106	196	388	298	247	330	366	467	505	568	545	219	149	83	2	579	482	26
17	580	573	45	619	274	413	302	164	87	426	103	183	384	187	250	336	365	456	521	569	544	222	139	91
537	225	136	90	6	596	485	48	622	264	416	317	155	68	445	119	199	388	277	220	332	251	483	508	559
370	460	524	503	527	204	152	76	3	583	434	37	625	201	415	306	171	60	448	122	189	391	292	230	343
390	281	246	335	373	472	514	566	542	205	143	93	10	500	488	27	604	237	401	303	158	59	437	125	186
63	427	104	182	376	273	233	334	367	475	511	565	531	221	135	98	22	580	491	42	605	268	420	319	174
260	423	322	164	66	442	105	193	326	204	249	338	352	434	507	551	328	208	134	87	25	586	480	51	621
582	476	28	608	259	412	323	161	65	431	121	185	398	207	239	341	367	435	518	570	544	214	138	77	4
214	141	92	5	593	495	44	624	263	402	304	157	51	428	108	184	387	300	236	540	356	471	610	573	547
458	509	562	550	211	140	81	21	585	498	47	614	266	417	305	168	70	444	124	188	377	279	232	326	363
250	243	345	369	474	513	552	529	207	126	78	8	584	487	60	611	265	406	321	160	73	447	114	191	392
450	111	190	381	286	235	348	372	464	516	567	530	218	145	94	24	588	477	29	607	251	403	308	159	62
419	324	168	52	420	407	176	378	283	334	337	375	461	315	556	546	210	148	97	14	591	402	30	618	270
481	46	610	273	422	314	160	67	430	118	195	394	290	238	327	354	457	501	553	533	209	137	100	11	590

Figure 27.

6	11	16	24	8
7	22	3	14	19
9	5	13	21	17
25	12	23	4	1
18	15	10	2	20

Figure 28.

4	1	48	44	42	17	19
13	37	45	3	16	29	32
40	43	11	14	27	30	10
35	9	12	25	38	41	15
28	20	23	36	39	7	22
24	21	34	47	5	18	26
31	49	2	6	8	33	46

Figure 29.

4	45	37	36	31	16	6
15	1	17	41	42	24	35
23	11	43	2	30	39	27
32	47	12	25	38	3	18
29	40	20	48	7	10	21
28	26	33	9	8	49	22
44	5	13	14	19	34	46

Figure 30.

4	16	44	46	114	95	87	82	84	68	31
10	8	39	47	110	96	88	92	56	18	112
48	15	6	32	108	100	85	77	19	107	74
57	2	11	23	1	93	86	102	111	120	65
101	105	49	53	98	5	80	69	73	17	21
70	81	97	115	43	61	79	7	25	41	52
109	113	89	94	42	117	24	28	33	9	13
58	71	72	20	121	20	36	99	30	53	64
63	55	103	90	14	22	37	45	116	65	59
60	104	83	75	12	26	34	30	66	119	62
91	106	78	76	8	27	35	40	38	54	118

Planche 4.

Fig. 22.

648	684	720	756	792	828	864	900	936	972	1008	1044	1080	1116	1152	1188	1224	35	36	72	108	144	180	216	252	288	324	360	396	432	468	504	540	576	612
682	718	754	790	826	862	898	934	970	1006	1042	1078	1114	1150	1186	1222	33	69	105	106	142	178	214	250	286	322	358	394	430	466	502	538	574	610	646
716	752	788	824	860	896	932	968	1004	1040	1076	1112	1148	1184	1220	31	67	103	139	175	176	212	248	284	320	356	392	428	464	500	536	572	608	644	680
750	786	822	858	894	930	966	1002	1038	1074	1110	1146	1182	1218	29	65	101	137	173	209	245	246	282	318	354	390	426	462	498	534	570	606	642	678	714
784	820	856	892	928	964	1000	1036	1072	1108	1144	1180	1216	27	63	99	135	171	207	243	279	315	316	352	388	424	460	496	532	568	604	640	676	712	748
818	854	890	926	962	998	1034	1070	1106	1142	1178	1214	25	61	97	133	169	205	241	277	313	349	385	386	422	458	494	530	566	602	638	674	710	746	782
852	888	924	960	996	1032	1068	1104	1140	1176	1212	23	59	95	131	167	203	239	275	311	347	383	419	455	456	492	528	564	600	636	672	708	744	780	816
886	922	958	994	1030	1066	1102	1138	1174	1210	21	57	93	129	165	201	237	273	309	345	381	417	453	489	525	526	562	598	634	670	706	742	778	814	850
920	956	992	1028	1064	1100	1136	1172	1208	19	55	91	127	163	199	235	271	307	343	379	415	451	487	523	559	595	596	632	668	704	740	776	812	848	884
954	990	1026	1062	1098	1134	1170	1206	17	53	89	125	161	197	233	269	305	341	377	413	449	485	521	557	593	629	665	666	702	738	774	810	846	882	918
988	1024	1060	1096	1132	1168	1204	15	51	87	123	159	195	231	267	303	339	375	411	447	483	519	555	591	627	663	699	735	736	772	808	844	880	916	952
1022	1058	1094	1130	1166	1202	13	49	85	121	157	193	229	265	301	337	373	409	445	481	517	553	589	625	661	697	733	769	805	806	842	878	914	950	986
1056	1092	1128	1164	1200	11	47	83	119	155	191	227	263	299	335	371	407	443	479	515	551	587	623	659	695	731	767	803	839	875	876	912	948	984	1020
1090	1126	1162	1198	9	45	81	117	153	189	225	261	297	333	369	405	441	477	513	549	585	621	657	693	729	765	801	837	873	909	945	946	982	1018	1054
1124	1160	1196	7	43	79	115	151	187	223	259	295	331	367	403	439	475	511	547	583	619	655	691	727	763	799	835	871	907	943	979	1015	1016	1052	1088
1158	1194	5	41	77	113	149	185	221	257	293	329	365	401	437	473	509	545	581	617	653	689	725	761	797	833	869	905	941	977	1013	1049	1085	1086	1122
1192	3	39	75	111	147	183	219	255	291	327	363	399	435	471	507	543	579	615	651	687	723	759	795	831	867	903	939	975	1011	1047	1083	1119	1155	1156
1	37	73	109	145	181	217	253	289	325	361	397	433	469	505	541	577	613	649	685	721	757	793	829	865	901	937	973	1009	1045	1081	1117	1153	1189	1225
70	71	107	143	179	215	251	287	323	359	395	431	467	503	539	575	611	647	683	719	755	791	827	863	899	935	971	1007	1043	1079	1115	1151	1187	1223	34
104	140	141	177	213	249	285	321	357	393	429	465	501	537	573	609	645	681	717	753	789	825	861	897	933	969	1005	1041	1077	1113	1149	1185	1221	32	68
138	174	210	211	247	283	319	355	391	427	463	499	535	571	607	643	679	715	751	787	823	859	895	931	967	1003	1039	1075	1111	1147	1183	1219	30	66	102
172	208	244	280	281	317	353	389	425	461	497	533	569	605	641	677	713	749	785	821	857	893	929	965	1001	1037	1073	1109	1145	1181	1217	28	64	100	136
206	242	278	314	350	351	387	423	459	495	531	567	603	639	675	711	747	783	819	855	891	927	963	999	1035	1071	1107	1143	1179	1215	26	62	98	134	170
240	276	312	348	384	420	421	457	493	529	565	601	637	673	709	745	781	817	853	889	925	961	997	1033	1069	1105	1141	1177	1213	24	60	96	132	168	204
274	310	346	382	418	454	490	491	527	563	599	635	671	707	743	779	815	851	887	923	959	995	1031	1067	1103	1139	1175	1211	22	58	94	130	166	202	238
308	344	380	416	452	488	524	560	561	597	633	669	705	741	777	813	849	885	921	957	993	1029	1065	1101	1137	1173	1209	20	56	92	128	164	200	236	272
342	378	414	450	486	522	558	594	630	631	667	703	739	775	811	847	883	919	955	991	1027	1063	1099	1135	1171	1207	18	54	90	126	162	198	234	270	306
376	412	448	484	520	556	592	628	664	700	701	737	773	809	845	881	917	953	989	1025	1061	1097	1133	1169	1205	16	52	88	124	160	196	232	268	304	340
410	446	482	518	554	590	626	662	698	734	770	771	807	843	879	915	951	987	1023	1059	1095	1131	1167	1203	14	50	86	122	158	194	230	266	302	338	374
444	480	516	552	588	624	660	696	732	768	769	805	841	877	913	949	985	1021	1057	1093	1129	1165	1201	12	48	84	120	156	192	228	264	300	336	372	408
478	514	550	586	622	658	694	730	766	802	838	839	875	911	947	983	1019	1055	1091	1127	1163	1199	10	46	82	118	154	190	226	262	298	334	370	406	442
512	548	584	620	656	692	728	764	800	836	872	908	909	945	981	1017	1053	1089	1125	1161	1197	8	44	80	116	152	188	224	260	296	332	368	404	440	476
546	582	618	654	690	726	762	798	834	870	906	942	978	979	1015	1051	1087	1123	1159	1195	6	42	78	114	150	186	222	258	294	330	366	402	438	474	510
580	616	652	688	724	760	796	832	868	904	940	976	1012	1048	1049	1085	1121	1157	1193	4	40	76	112	148	184	220	256	292	328	364	400	436	472	508	544
614	650	686	722	758	794	830	866	902	938	974	1010	1046	1082	1118	1119	1155	1191	2	38	74	110	146	182	218	254	290	326	362	398	434	470	506	542	578

Fig. 24.

92	99	76	83	90	261	260	234	253	267	490	483	476	499	492	167	174	151	158	165	567	574	551	558	565
98	80	82	89	91	268	262	256	255	274	491	489	482	480	498	173	155	157	164	166	573	555	557	564	566
79	81	88	95	97	275	269	263	257	251	497	495	488	481	479	154	156	163	170	172	554	556	563	570	572
85	87	94	96	78	252	271	270	264	258	478	496	494	483	485	160	162	169	171	153	560	562	569	571	553
86	93	100	77	84	259	253	272	266	265	484	477	500	493	486	161	168	175	152	159	561	568	575	552	559
142	149	126	133	140	617	624	601	608	615	40	41	47	28	34	317	324	301	308	315	467	474	451	458	465
148	130	132	139	141	623	605	607	614	616	33	39	45	46	27	323	305	307	314	316	473	455	457	464	466
129	131	138	145	147	604	606	613	620	622	26	32	38	44	50	304	306	313	320	322	454	456	463	470	472
135	137	144	146	128	610	612	619	621	603	49	30	31	37	43	310	312	319	321	303	460	462	469	471	453
136	143	150	127	134	611	618	625	602	609	42	48	29	35	36	310	318	325	302	309	461	468	475	452	459
367	374	351	358	365	415	416	422	403	409	192	199	176	183	190	592	599	576	583	590	15	16	22	3	9
373	355	357	364	366	408	414	420	421	402	198	180	182	189	191	598	580	582	589	591	8	14	20	21	2
354	356	363	370	372	401	407	413	419	425	179	181	188	195	197	579	581	588	595	597	1	7	13	19	25
360	362	369	371	353	424	405	406	412	418	185	187	194	196	178	585	587	594	596	578	24	5	6	12	18
361	368	375	352	359	417	423	404	410	411	186	193	200	177	184	586	593	600	577	584	17	23	4	10	11
542	549	526	533	540	67	74	51	58	65	340	341	347	328	334	392	399	376	383	390	142	149	126	133	140
548	530	532	539	541	73	55	57	64	66	333	339	345	346	327	398	380	382	389	391	148	130	132	139	141
529	531	538	545	547	54	56	63	70	72	326	332	338	344	350	379	381	388	395	397	129	131	138	145	147
535	537	544	546	528	60	62	69	71	53	349	330	331	337	343	385	387	394	396	378	135	137	144	146	128
536	543	550	527	534	61	68	75	52	59	342	348	329	335	336	386	393	400	377	384	136	143	150	127	134
442	449	426	433	440	217	224	201	208	215	515	516	522	503	509	111	110	104	123	117	292	299	276	283	290
448	430	432	439	441	223	205	207	214	216	508	514	520	521	502	118	112	106	105	124	298	280	282	289	291
429	431	438	445	447	204	206	213	220	222	501	507	513	519	525	125	119	113	107	101	279	281	288	295	297
435	437	444	446	428	210	212	219	221	203	524	505	506	512	518	102	121	120	114	108	285	287	294	296	278
436	443	450	427	434	211	218	225	202	209	517	523	504	510	511	109	103	122	116	115	286	293	300	277	284

Fig. 32.

4	158	155	154	151	150	149	146	11	10	9	2	6
1	27	136	135	131	129	128	127	32	31	30	29	169
3	25	113	108	115	52	45	50	95	96	91	145	167
5	26	114	112	110	47	49	51	90	94	98	144	165
7	28	109	116	111	48	53	46	97	92	93	142	163
8	33	70	63	68	86	81	88	106	99	104	137	162
147	126	65	67	69	87	85	83	101	103	105	44	23
148	130	66	71	64	82	89	84	102	107	100	40	22
152	132	77	72	79	124	117	122	61	54	59	38	18
153	133	78	76	74	119	121	123	56	58	60	37	17
156	134	73	80	75	120	125	118	57	62	55	36	14
157	141	34	35	39	41	42	43	138	139	140	143	13
164	12	15	16	19	20	21	24	159	160	161	168	166

Fig. 33.

7	1	2	3	4	164	165	159	160	161	145	126	8
12	23	24	26	17	18	137	140	141	143	132	134	158
13	28	59	60	55	102	101	106	97	92	93	142	157
14	31	54	58	62	107	103	99	90	94	98	139	156
15	34	61	56	57	100	105	104	95	96	91	136	155
16	138	120	119	124	84	89	82	50	45	52	32	154
148	127	125	121	117	83	85	87	51	49	47	43	22
149	128	118	123	122	88	81	86	46	53	48	42	21
150	129	77	72	79	70	63	68	115	108	113	41	20
151	130	78	76	74	65	67	69	110	112	114	40	19
133	131	73	80	75	66	71	64	111	116	109	39	37
135	36	146	144	153	152	33	30	29	27	38	147	35
162	169	168	167	166	6	5	11	10	9	25	44	163

Planche 6.

Fig. 25.

884	921	958	743	780	817	854	1113	1142	1178	1214	1005	1041	1077	142	179	216	1	38	75	112	365	336	300	264	473	437	401	660	697	734	519	556	593	630
920	957	749	779	816	853	883	1076	1112	1148	1177	1213	1004	1040	178	215	7	37	74	111	141	402	366	330	301	265	474	438	696	733	525	555	592	629	639
956	748	778	815	852	889	919	1039	1075	1111	1147	1183	1212	1003	214	6	36	73	110	147	177	439	403	367	331	295	266	475	732	524	554	591	628	665	695
747	784	814	851	888	918	955	1002	1038	1074	1110	1146	1182	1218	5	42	72	109	146	176	213	476	440	404	368	332	296	260	523	560	590	627	664	694	731
783	813	850	887	924	954	746	1217	1008	1037	1073	1109	1145	1181	31	71	108	145	182	212	4	261	470	441	405	369	333	297	559	589	626	663	700	730	522
819	849	886	923	953	765	782	1180	1216	1007	1043	1072	1108	1144	77	107	144	181	211	3	40	298	262	471	435	406	370	334	595	625	662	699	729	521	558
848	885	922	959	744	781	818	1143	1179	1215	1006	1042	1078	1107	106	143	180	217	2	39	76	335	299	263	472	436	400	371	624	661	698	735	520	557	594
1136	1173	1210	995	1032	1069	1106	138	174	210	259	30	66	102	394	431	468	253	290	327	364	623	652	688	724	515	551	587	789	775	811	847	876	912	948
1172	1209	1001	1031	1068	1105	1135	104	140	169	205	241	32	68	430	467	259	289	326	363	393	586	622	638	687	723	514	550	808	844	880	916	952	736	772
1208	1000	1030	1067	1104	1141	1171	70	99	135	171	207	243	34	466	258	288	325	362	399	429	549	585	621	657	693	722	513	877	913	949	740	776	812	841
999	1036	1066	1103	1140	1170	1207	29	65	101	137	173	209	245	257	294	324	361	398	428	465	512	548	584	620	656	692	728	946	737	773	809	845	881	917
1035	1065	1102	1139	1176	1206	998	240	31	67	103	139	175	204	293	323	360	397	434	464	256	727	518	547	583	619	655	691	777	806	842	878	914	950	741
1071	1101	1138	1175	1205	997	1034	206	242	33	69	105	134	170	329	359	396	433	463	255	292	690	726	517	553	582	618	654	846	882	911	947	738	774	810
1100	1137	1174	1211	996	1033	1070	172	208	244	35	64	100	136	358	395	432	469	254	291	328	653	689	725	516	552	588	617	915	951	742	771	807	843	879
163	200	237	22	59	96	133	318	354	390	426	462	246	282	610	581	545	509	718	682	646	905	942	979	764	801	838	875	1093	1064	1028	992	1201	1165	1129
199	236	28	58	95	132	162	251	287	316	352	388	424	460	647	611	575	546	510	719	683	941	978	770	800	837	874	906	1130	1094	1058	1029	993	1202	1166
235	27	57	94	131	168	198	422	458	249	285	321	357	386	684	648	612	576	540	511	720	977	769	799	836	873	910	940	1167	1131	1095	1059	1023	994	1203
26	63	93	130	167	197	234	355	391	427	456	247	283	319	721	685	649	613	577	541	505	768	805	835	872	909	939	976	1204	1168	1132	1096	1060	1024	988
62	92	129	166	203	233	25	281	317	353	389	425	461	252	506	715	686	650	614	578	542	804	834	871	908	945	975	767	989	1198	1169	1133	1097	1061	1025
98	128	165	202	232	24	61	459	250	286	322	351	387	423	543	507	716	680	651	615	579	840	870	907	944	974	766	803	1026	990	1199	1163	1134	1098	1062
127	164	201	238	23	60	97	392	421	457	248	284	320	356	580	544	508	717	681	645	616	869	906	943	980	765	802	839	1063	1027	991	1200	1164	1128	1099
415	452	489	274	311	348	385	639	676	713	498	535	572	609	898	935	972	757	794	831	868	1092	1121	1157	1193	984	1020	1056	156	193	230	15	52	89	126
451	488	280	310	347	384	414	675	712	504	534	571	608	638	934	971	763	793	830	867	897	1055	1091	1127	1156	1192	983	1019	192	229	21	51	88	125	155
487	279	309	346	383	420	450	711	503	533	570	607	644	674	970	762	792	829	866	903	933	1018	1054	1090	1126	1162	1191	982	228	20	50	87	124	161	191
278	315	345	382	419	449	486	502	539	569	606	643	673	710	761	798	828	865	902	932	969	981	1017	1053	1089	1125	1161	1197	19	56	86	123	160	190	227
314	344	381	418	455	485	277	538	568	605	642	679	709	501	797	827	864	901	938	968	760	1196	987	1016	1052	1088	1124	1160	55	85	122	159	196	226	18
350	380	417	454	484	276	313	574	604	641	678	708	500	537	833	863	900	937	967	759	796	1159	1195	986	1022	1051	1087	1123	91	121	158	195	225	17	54
379	416	453	490	275	312	349	603	640	677	714	499	536	573	862	899	936	973	758	795	832	1122	1158	1194	985	1021	1057	1086	120	157	194	231	16	53	90
701	492	528	564	600	636	672	861	890	926	962	753	789	825	1114	1085	1049	1013	1222	1186	1150	8	44	80	116	152	188	224	378	407	443	479	270	306	342
530	566	602	631	667	703	494	824	860	896	928	961	752	788	1151	1115	1079	1050	1014	1223	1187	185	221	12	48	84	113	149	341	377	413	442	478	269	305
597	633	669	705	496	532	561	787	823	859	895	931	960	751	1188	1152	1116	1080	1044	1015	1224	117	153	189	218	9	45	81	304	340	376	412	448	477	268
672	707	491	527	563	599	635	750	786	822	858	894	930	966	1225	1189	1153	1117	1081	1045	1009	49	78	114	150	186	222	13	267	303	339	375	411	447	483
493	529	565	601	637	666	702	965	756	785	821	857	893	929	1010	1219	1190	1154	1118	1082	1046	219	10	46	82	118	154	183	482	273	302	338	374	410	446
567	596	632	668	704	495	531	928	964	755	791	820	856	892	1047	1011	1220	1184	1155	1119	1083	151	187	223	14	43	79	115	445	481	272	308	337	373	409
634	670	706	497	526	562	598	891	927	963	754	790	826	855	1084	1048	1012	1221	1185	1149	1120	83	119	148	184	220	11	47	408	444	480	271	307	343	372

1205	1198	1203	1142	1135	1150	1157	1180	1183	1262	1273	1284	1295	1216	1227	1238	1249	1260	1746	1767	1757	1761	[illegible]	1706	1716	1726	1736	209	220	231	242	164	174	185	196	207	719	712	717	636	640	634	701	695	699
1200	1202	1204	1137	1139	1141	1182	1184	1186	1272	1283	1294	1224	1226	1237	1248	1250	1261	1735	1765	1755	1756	[illegible]	1776	1705	1715	1725	210	230	241	171	173	184	195	206	208	715	716	718	631	633	635	696	698	700
1201	1206	1199	1138	1143	1140	1153	1158	1181	1282	1293	1223	1225	1236	1247	1252	1259	1271	1724	1734	1744	1754	[illegible]	1765	1775	1704	1714	229	240	170	172	183	194	205	216	218	713	720	714	632	637	630	697	702	693
1160	1155	1158	1178	1171	1176	1186	1189	1194	1292	1222	1233	1235	1246	1257	1268	1270	1281	1713	1723	1733	1743	[illegible]	1763	1773	1774	1703	239	169	180	182	193	204	215	217	228	674	667	672	692	685	690	710	703	708
1153	1157	1159	1173	1175	1177	1191	1193	1195	1221	1232	1234	1245	1256	1267	1278	1280	1291	1702	1712	1722	1732	[illegible]	1752	1762	1772	1782	168	179	181	192	203	214	225	227	238	669	671	673	687	689	691	705	707	709
1156	1161	1154	1174	1179	1172	1192	1197	1190	1231	1242	1244	1255	1266	1277	1279	1290	1220	1781	1710	1711	1721	[illegible]	1741	1751	1761	1771	178	189	191	202	213	224	226	237	167	670	675	668	688	693	686	706	711	704
1149	1152	1167	1210	1203	1212	1151	1144	1169	1241	1243	1254	1265	1276	1287	1289	1219	1230	1770	1780	1709	1719	[illegible]	1730	1740	1750	1760	188	190	201	212	223	234	236	166	177	683	676	681	725	721	726	665	658	663
1164	1166	1168	1209	1211	1213	1146	1148	1150	1251	1253	1264	1275	1286	1288	1218	1229	1240	1739	1769	1779	1708	[illegible]	1728	1729	1739	1749	198	200	211	222	233	235	165	176	187	678	680	682	723	725	727	660	662	664
1163	1170	1165	1214	1215	1208	1147	1152	1145	1252	1263	1274	1285	1296	1217	1228	1239	1250	1748	1758	1768	1778	[illegible]	1717	1727	1737	1753	199	210	221	232	243	164	175	186	197	679	684	677	724	729	722	661	666	659
120	127	131	141	151	86	96	100	116	614	623	636	647	568	579	590	601	612	1098	1099	1109	1119	[illegible]	1058	1068	1078	1088	1586	1597	1608	1619	1540	1551	1562	1573	1584	1667	1675	1689	1700	1621	1632	1643	1654	1665
113	125	135	136	146	156	85	95	105	624	635	646	576	578	589	600	611	618	1087	1097	1107	1108	[illegible]	1128	1057	1067	1077	1596	1607	1618	1548	1550	1561	1572	1583	1585	1677	1688	1699	1629	1631	1642	1653	1664	1666
104	114	124	134	144	145	155	84	94	634	645	575	577	588	599	610	621	623	1076	1086	1096	1106	[illegible]	1117	1127	1036	1066	1606	1617	1547	1549	1560	1571	1582	1593	1595	1687	1698	1628	1630	1641	1652	1663	1674	1676
93	103	113	123	133	143	153	154	83	644	574	585	587	598	609	620	622	633	1065	1075	1085	1095	[illegible]	1115	1125	1126	1055	1616	1546	1557	1559	1570	1581	1592	1594	1605	1697	1627	1638	1640	1651	1662	1673	1675	1686
82	92	102	112	122	132	142	152	162	573	584	586	597	608	619	630	632	643	1054	1064	1074	1084	[illegible]	1104	1114	1124	1134	1545	1556	1558	1569	1580	1591	1602	1604	1615	1626	1637	1639	1650	1661	1672	1683	1685	1696
161	90	91	101	111	121	131	141	151	583	594	596	607	618	629	631	642	572	1133	1062	1063	1073	[illegible]	1093	1103	1113	1123	1555	1566	1568	1579	1590	1601	1603	1614	1544	1636	1647	1649	1660	1671	1682	1684	1695	1625
150	160	89	99	100	110	120	130	140	593	595	606	617	628	639	641	571	582	1122	1132	1061	1071	[illegible]	1082	1092	1102	1112	1565	1567	1578	1589	1600	1611	1613	1543	1554	1646	1648	1659	1670	1681	1692	1694	1624	1635
139	149	159	88	98	108	109	119	129	603	605	616	627	638	640	570	581	592	1111	1121	1131	1060	[illegible]	1080	1090	1091	1101	1575	1577	1588	1599	1610	1612	1542	1553	1564	1656	1658	1669	1680	1691	1693	1623	1634	1645
128	138	148	158	87	97	107	117	118	604	615	626	637	648	569	580	591	602	1100	1110	1120	1130	[illegible]	1069	1079	1089	1090	1576	1587	1598	1609	1620	1541	1552	1563	1574	1657	1668	1679	1690	1701	1622	1633	1644	1655
1505	1516	1527	1538	1459	1470	1481	1492	1503	1989	1990	2000	2010	2020	1949	1959	1969	1979	67	66	71	8	[illegible]	6	51	52	47	335	346	357	368	487	498	509	520	531	1017	1018	1028	1038	1048	977	987	997	1007
1515	1526	1537	1467	1469	1480	1491	1502	1504	1978	1988	1998	1999	2009	2019	1948	1958	1968	72	68	64	3	[illegible]	7	46	50	54	345	356	367	497	499	508	519	530	532	1008	1016	1026	1027	1037	1047	976	986	996
1525	1536	1466	1468	1479	1490	1501	1512	1514	1967	1977	1987	1997	2007	2008	2018	1947	1957	65	70	69	4	[illegible]	2	45	53	49	353	364	495	496	507	518	529	540	542	995	1005	1015	1025	1035	1036	1046	975	985
1535	1465	1476	1478	1489	1500	1511	1513	1524	1936	1966	1976	1986	1996	2006	2016	2017	1946	24	25	20	38	[illegible]	40	62	55	60	365	495	504	506	517	528	539	541	552	984	994	1004	1014	1024	1034	1044	1045	974
1464	1475	1477	1488	1499	1510	1521	1523	1534	1945	1956	1965	1975	1985	1995	2005	2015	2025	19	23	27	43	[illegible]	39	57	59	61	492	503	505	516	527	538	549	551	562	973	983	993	1003	1013	1023	1033	1043	1053
1474	1485	1487	1498	1509	1520	1522	1533	1463	2024	1955	1954	1964	1974	1984	1994	2004	2014	26	21	22	42	[illegible]	44	58	63	56	502	513	515	526	537	548	550	561	491	1052	981	982	992	1002	1012	1022	1032	1042
1484	1486	1497	1508	1519	1530	1532	1462	1473	2013	2023	1952	1962	1963	1973	1983	1993	2003	35	28	33	80	[illegible]	78	13	12	17	512	514	525	536	547	558	560	490	501	1041	1051	980	990	991	1001	1011	1021	1031
1494	1496	1507	1518	1529	1531	1461	1472	1483	2002	2012	2022	1951	1961	1971	1972	1982	1992	30	32	34	75	[illegible]	79	18	14	10	522	524	535	546	557	559	489	500	511	1030	1040	1050	979	989	999	1000	1010	1020
1495	1506	1517	1528	1539	1460	1471	1482	1493	1991	2001	2011	2021	1950	1960	1970	1980	1981	31	36	29	76	[illegible]	74	11	16	15	523	534	545	556	567	488	499	510	521	1019	1029	1039	1049	978	988	998	1008	1009
452	463	474	485	406	417	428	439	450	936	937	962	951	967	896	906	916	926	1624	1635	1646	1657	[illegible]	1389	1400	1411	1422	1905	1909	1919	1929	1939	1868	1878	1888	1898	371	382	393	404	325	336	347	358	369
462	473	464	414	416	427	438	449	451	925	935	965	946	956	966	895	905	915	1634	1645	1656	1386	[illegible]	1399	1410	1421	1423	1897	1907	1917	1918	1928	1938	1867	1877	1887	381	392	403	333	335	346	357	368	370
472	483	413	415	426	437	448	459	461	914	924	934	944	954	955	965	894	904	1644	1655	1385	1387	[illegible]	1409	1420	1431	1433	1886	1896	1906	1916	1926	1927	1937	1866	1876	391	402	332	334	345	356	367	378	380
482	412	423	425	436	447	458	460	471	903	913	923	933	943	953	963	964	893	1654	1384	1395	1397	[illegible]	1419	1430	1432	1453	1875	1885	1895	1905	1915	1925	1935	1936	1865	401	331	342	344	355	366	377	379	390
411	422	424	435	446	457	468	470	481	892	902	912	922	932	942	952	962	972	1383	1394	1396	1407	[illegible]	1429	1440	1442	1453	1864	1874	1884	1894	1904	1914	1924	1934	1944	330	341	343	354	365	376	387	389	400
421	432	434	445	456	467	469	480	410	971	900	901	911	921	931	941	951	961	1393	1404	1406	1417	[illegible]	1439	1441	1452	1382	1863	1872	1873	1883	1893	1903	1913	1923	1933	340	351	353	364	375	386	388	399	329
431	433	444	455	466	477	479	409	420	960	970	899	909	910	920	930	940	950	1403	1405	1416	1427	[illegible]	1449	1451	1381	1392	1852	1862	1871	1881	1882	1892	1902	1912	1922	350	352	363	374	385	396	398	328	339
441	443	454	465	476	478	408	419	430	949	959	960	898	908	918	919	929	939	1413	1415	1426	1437	[illegible]	1450	1380	1391	1402	1921	1931	1941	1870	1880	1890	1891	1901	1911	360	362	373	384	395	397	327	338	349
442	453	464	475	486	407	418	429	440	948	958	938	968	897	907	917	927	928	1414	1425	1436	1447	[illegible]	1379	1390	1401	1412	1910	1920	1930	1940	1869	1879	1889	1899	1900	361	372	383	394	405	326	337	348	359
1851	1832	1841	1790	1783	1788	1831	1850	1833	290	301	312	323	244	255	266	277	288	774	775	783	799	[illegible]	734	744	754	764	857	868	873	890	811	822	833	844	855	1345	1344	1349	1304	1297	1302	1361	1360	1365
1846	1850	1853	1785	1787	1789	1836	1852	1828	300	311	322	252	254	265	276	287	289	763	773	783	794	[illegible]	804	733	743	753	867	878	889	819	821	832	843	854	856	1350	1346	1342	1299	1301	1303	1362	1364	[illegible]
1855	1848	1849	1786	1791	1784	1829	1834	1833	310	321	251	253	264	275	280	297	299	732	762	772	782	[illegible]	793	803	732	742	871	888	818	820	831	842	853	864	866	1343	1348	1347	1300	1305	1298	1363	1368	1361
1806	1807	1802	1820	1827	1822	1844	1837	1842	320	250	261	263	274	285	296	298	309	741	751	761	771	[illegible]	791	801	802	731	881	817	828	830	841	852	863	865	876	1358	1351	1356	1318	1339	1334	1326	1321	1316
1801	1805	1809	1825	1823	1821	1839	1841	1843	249	260	262	273	284	295	306	308	319	730	740	750	760	[illegible]	780	790	800	810	816	827	829	840	851	862	873	875	886	1353	1355	1357	1333	1337	1341	1315	1319	1323
1808	1803	1804	1824	1819	1826	1830	1845	1835	259	270	272	283	294	305	307	318	248	809	738	739	749	[illegible]	769	779	789	798	826	837	839	850	861	872	874	885	815	1354	1359	1352	1340	1335	1336	1322	1317	1318
1813	1812	1811	1862	1855	1860	1799	1792	1797	269	271	282	293	304	315	317	247	258	798	808	737	747	[illegible]	758	768	778	788	836	838	849	860	871	882	884	814	825	1313	1306	1311	1376	1369	1374	1331	1324	1329
1818	1814	1810	1857	1859	1861	1794	1796	1798	279	281	292	303	314	316	246	257	268	787	797	807	736	[illegible]	756	757	767	777	846	848	859	870	881	883	813	824	835	1308	1310	1312	1371	1373	1375	1326	1328	1330
1811	1816	1815	1858	1863	1856	1795	1800	1793	280	291	302	313	324	245	256	267	278	776	786	796	806	[illegible]	755	765	775	766	847	858	869	880	891	812	823	834	845	1309	1314	1307	1372	1377	1370	1327	1332	1325

Fig. 31.

2	287	286	6	9	282	283	10	13	279	278	14	15	274	273	169	5
18	88	200	201	92	95	196	197	96	99	192	193	100	182	155	91	272
22	101	52	236	237	56	59	232	233	60	62	225	227	151	55	189	268
270	188	61	53	255	256	37	40	251	252	42	246	147	36	229	102	20
271	103	226	43	74	216	215	78	81	211	205	150	77	247	64	187	19
23	186	66	45	80	118	170	171	115	166	154	121	210	245	224	104	267
26	105	67	243	208	122	134	173	158	144	116	168	82	47	223	185	264
265	184	221	244	83	167	126	21	289	125	164	123	207	46	69	106	25
266	107	222	48	206	114	130	249	145	41	160	176	84	242	68	183	24
27	191	70	49	86	163	161	165	1	269	129	127	204	241	220	109	263
30	110	71	240	203	162	174	117	132	146	156	128	87	50	219	180	260
261	179	217	239	152	169	120	119	175	124	136	172	138	51	73	111	29
262	112	218	157	213	76	75	212	209	79	85	140	216	133	72	178	28
31	177	159	254	35	34	253	250	39	38	248	44	143	257	131	113	259
258	155	235	34	33	234	231	58	57	230	228	65	63	139	238	135	32
148	199	90	89	198	195	94	93	194	191	98	97	190	108	137	202	142
285	3	4	284	281	5	7	280	277	11	12	276	275	16	17	141	288

Fig. 48.

Ap	Bq	Cr	Ds	Bt
Bq	Ar	Bs	Ct	Bp
Br	Es	At	Bp	Cq
Cs	Dt	Bp	Aq	Br
Bt	Cp	Dq	Br	As

Fig. 34.

4	1	2	5	7	8	204	205	206	207	208	209	211	212	6
3	32	186	183	182	179	178	177	174	39	38	37	30	34	223
9	29	55	164	163	159	157	156	155	60	59	58	57	197	217
10	31	53	105	106	101	98	91	96	141	142	137	173	193	216
11	33	54	100	104	108	93	95	97	136	140	144	172	195	215
12	35	56	107	102	103	94	99	92	143	138	139	170	191	214
13	36	61	152	145	150	110	117	112	80	73	78	165	190	213
198	175	154	147	149	151	115	113	111	75	77	79	72	31	25
199	176	158	148	153	146	114	109	116	76	81	74	68	50	27
200	180	160	85	84	89	134	127	132	121	120	125	66	46	26
201	181	161	90	86	82	129	131	133	126	122	118	65	45	25
202	184	162	83	88	87	130	135	128	119	124	123	64	42	24
203	185	169	62	63	67	69	70	71	166	167	168	171	41	23
210	192	40	43	44	47	48	49	52	187	188	189	196	194	16
220	225	224	221	219	218	22	21	20	19	18	17	15	14	222

Fig. 50.

	4	3	1	7	8	0	2	6	5
36	40	3	28	52	80	63	65	24	14
9	12	57	7	55	54	74	60	68	22
18	19	16	44	9	29	31	77	58	66
63	70	26	18	38	6	32	49	75	55
54	62	72	20	15	41	4	30	46	79
72	81	56	69	23	13	39	1	34	53
45	47	78	59	67	21	10	43	8	36
27	33	50	76	37	64	25	17	45	2
0	5	51	48	73	61	71	27	11	42

Fig. 49.

	0	1	2	3	4	5	6
0,0	Ap	Bq	Cr	Ds	Et	Fu	Gv
2,5	Cu	Dv	Ep	Fq	Gr	As	Bt
4,3	Es	Ft	Gu	Av	Bp	Cq	Dr
6,1	Gq	Ar	Bs	Ct	Du	Ev	Fp
1,6	Bv	Cp	Dq	Er	Fs	Gt	Au
3,4	Dt	Eu	Fv	Gp	Aq	Br	Cs
5,2	Fr	Gs	At	Bu	Cv	Dp	Eq

Fig. 47.

22	47	16	41	10	35	4
5	23	48	17	42	11	29
30	6	24	49	18	36	12
13	31	7	25	43	19	37
38	14	32	1	26	44	20
21	39	8	33	2	27	45
46	15	40	9	34	3	28

Fig. 46.

						1						
					8		2					
				15		9		3				
			22		16		10		4			
		29		23		17		11		5		
	36		30		24		18		12		6	
43		37		31		25		19		13		7
	44		38		32		26		20		14	
		45		39		33		27		21		
			46		40		34		28			
				47		41		35				
					48		42					
						49						

Fig. 35.

3	8	7	6	4	2	1	274	273	272	271	270	269	268	267	265	5
258	209	230	227	223	211	49	56	33	40	47	158	179	177	176	160	32
259	212	225	214	221	228	55	37	39	46	48	159	173	166	171	181	31
260	218	216	220	224	222	36	38	45	52	54	175	168	170	172	165	30
261	232	219	226	215	208	42	44	51	53	35	178	169	174	167	162	29
262	229	210	213	217	231	43	50	57	34	41	180	161	163	164	182	28
263	93	99	106	87	90	133	139	145	151	157	199	206	183	190	197	27
264	89	96	102	105	83	146	152	153	134	140	205	187	189	196	198	26
266	86	92	95	98	104	154	135	141	147	148	186	188	195	202	204	24
9	107	85	88	94	101	142	143	149	155	136	192	194	201	203	185	281
10	100	103	84	91	97	150	156	137	138	144	193	200	207	184	191	280
11	108	129	127	126	110	243	242	236	255	249	59	80	77	73	61	279
12	109	123	116	121	131	250	244	238	237	256	62	75	64	71	78	278
13	125	118	120	122	115	257	251	245	239	233	68	66	70	74	72	277
14	128	119	124	117	112	234	253	252	246	240	82	69	76	65	58	276
15	130	111	113	114	132	241	235	254	248	247	79	60	63	67	81	275
285	282	283	284	286	288	289	16	17	18	19	20	21	22	23	25	287

Fig. 38.

3	5	9	8	11	13	10
13	10	3	5	9	8	11
8	11	13	10	3	5	9
5	9	8	11	13	10	3
10	3	5	9	8	11	13
11	13	10	3	5	9	8
9	8	11	13	10	3	5

Fig. 41.

1	26	45	42	16	32	13
21	30	11	6	22	47	38
27	43	40	17	35	9	4
31	14	2	25	48	36	19
46	41	15	33	10	7	23
12	3	28	44	39	20	29
37	18	34	8	5	24	49

Fig. 42.

17	5	13	21	9
4	12	25	8	16
11	24	7	20	3
10	18	1	14	22
23	6	19	2	15

Fig. 39.

1	9	31	20	30
19	28	7	8	49
14	48	17	27	5
25	4	12	54	16
52	22	24	2	11

Fig. 43.

56	2	113	4	115	121	117	8	119	10	6
12										110
33		58	92	27	97	29	96	28		89
34		42						80		88
55		47		60	73	50		75		67
11		31		51	61	71		91		111
77		69		72	49	62		53		45
78		86						36		44
99		94	30	95	25	93	26	64		23
100										22
116	120	9	118	7	1	5	114	3	112	66

Fig. 40.

16	14	8	2	25
3	22	20	11	9
15	6	4	23	17
24	18	12	10	1
7	5	21	19	13

Fig. 36

3	81	76	71	67	33	24	9	5
60	23	52	8	38	72	37	57	22
69	35	65	27	46	12	32	76	13
78	36	64	39	59	25	44	20	4
2	48	14	34	62	47	63	19	80
7	61	17	56	18	28	66	41	75
51	74	45	55	21	50	16	26	31
42	10	30	68	43	53	29	54	40
77	1	6	11	15	49	58	73	79

Fig. 37.

3	81	80	58	43	50	30	16	8
4	9	75	64	53	35	34	17	78
22	6	36	68	40	25	38	76	60
26	11	13	62	12	49	69	71	56
45	57	31	28	41	54	31	23	37
55	67	61	33	70	20	21	15	27
63	72	44	14	42	59	46	10	19
77	65	7	18	29	47	48	73	5
74	1	2	24	39	32	52	66	79

Fig. 44.

56	2	113	4	115	121	117	8	119	10	6
12	13	14	79	104	105	106	87	20	21	110
33	24	38	92	27	97	29	96	28	98	89
34	19	42	37	70	83	74	41	80	93	88
55	54	47	40	60	73	50	52	75	68	67
11	65	31	63	51	61	71	59	91	57	111
77	76	69	84	72	49	62	38	53	46	45
78	107	86	81	52	39	48	85	36	15	44
99	90	94	30	95	25	93	26	64	32	23
100	101	108	43	18	17	16	35	102	109	22
116	120	9	118	7	1	5	114	3	112	66

Planche 10.

Fig. 45.

22	23	24	25	26	27	28	29	30	31	32	33	34	35	36	37	38	39	40	41	1601	1603	1604	1605	1606	1607	1608	1609	1610	1611	1612	1613	1614	1615	1616	1617	1618	1619	1620	1621	1622
1	19	80	82	83	84	85	86	87	88	89	90	91	92	93	94	95	96	97	98	1568	1567	1566	1565	1564	1563	1562	1561	1560	1559	1558	1557	1556	1555	1554	1553	1552	1551	1550	1549	1641
2	155	154	238	173	176	177	178	179	180	181	182	183	184	185	186	187	188	189	1468	1469	1470	1471	1472	1473	1454	1455	1456	1457	1458	1459	1460	1461	1462	1463	1464	1465	1466	172	1127	1640
3	156	157	190	237	236	235	234	233	232	231	230	229	245	244	243	242	241	240	239	1433	1405	1406	1407	1408	1409	1410	1411	1412	1413	1414	1415	1416	1417	1418	1419	1421	1420	1525	1526	1639
4	39	158	246	1163	1167	1148	1189	1193	1250	1255	1263	1247	1211	1107	372	331	299	311	348	352	323	379	415	391	406	923	905	906	947	951	1017	1013	1021	1005	969	925	1436	1524	1583	1678
5	100	159	257	1169	1157	1144	1183	1207	1269	1256	1229	1227	1171	1239	305	314	351	361	320	376	440	392	394	387	335	927	915	902	941	965	1020	1014	987	985	929	907	1435	1523	1582	1677
6	101	160	248	1163	1254	1214	1232	1250	1156	1174	1192	1210	1134	1245	341	356	324	382	413	395	405	364	332	360	315	991	1012	972	990	1008	914	932	950	968	919	1003	1434	1522	1581	1676
7	102	161	239	1155	1233	1230	1248	1168	1172	1190	1208	1212	1173	1233	321	377	444	335	400	361	338	303	318	330	353	913	993	988	1006	926	930	948	966	970	931	1011	1433	1521	1580	1675
8	103	162	278	1175	1177	1246	1166	1170	1188	1206	1224	1228	1231	1233	417	394	397	365	353	346	308	345	357	377	380	933	935	1005	924	942	946	964	982	936	989	991	1444	1520	1579	1674
9	104	163	250	1195	1153	1164	1182	1186	1204	1222	1226	1244	1223	1213	401	371	336	307	317	342	354	322	331	407	389	953	943	922	940	944	962	980	984	1002	981	971	1432	1519	1578	1673
10	105	164	251	1238	1137	1180	1184	1202	1220	1238	1242	1162	1291	1150	337	297	312	346	360	325	384	416	386	398	366	1016	945	938	952	960	978	996	1000	920	979	908	1431	1518	1577	1672
11	106	165	252	1237	1189	1196	1200	1218	1236	1240	1160	1178	1209	1151	309	343	355	326	374	411	390	404	369	350	306	1015	957	914	958	976	994	998	918	936	967	909	1430	1517	1576	1671
12	107	166	253	1217	1203	1198	1216	1234	1252	1158	1176	1194	1203	1191	358	329	383	408	387	399	370	330	301	313	349	975	963	956	974	992	1010	916	934	952	961	949	1429	1516	1575	1670
13	108	167	254	1249	1237	1264	1225	1201	1146	1152	1179	1181	1251	1169	375	412	393	402	373	339	298	310	344	359	319	1007	995	1022	953	959	900	910	937	939	1009	917	1428	1515	1574	1669
14	109	169	255	1241	1261	1260	1219	1215	1149	1153	1165	1161	1197	1243	388	403	363	334	302	316	347	362	328	375	409	999	1019	1015	977	973	907	911	903	919	935	1001	1427	1513	1573	1668
15	110	170	256	339	648	646	643	644	518	546	547	650	640	541	781	790	788	787	786	785	788	789	892	882	783	1023	1132	1130	1129	1128	1127	1030	1031	1134	1124	1025	1426	1512	1572	1667
16	111	171	257	540	562	572	583	639	622	591	602	616	605	658	782	802	805	806	851	879	874	875	843	806	900	1024	1056	1036	1067	1123	1106	1075	1086	1099	1089	1142	1425	1511	1571	1666
17	112	172	258	542	588	596	616	608	565	576	577	636	629	656	784	809	816	817	863	881	860	857	818	875	898	1026	1072	1080	1100	1092	1069	1060	1061	1120	1113	1140	1424	1510	1570	1665
18	113	173	239	544	573	584	633	623	589	599	610	612	559	654	786	810	823	831	833	846	850	845	839	879	896	1028	1057	1063	1117	1107	1073	1083	1103	1096	1043	1138	1423	1509	1569	1664
1661	1514	174	1429	545	603	613	600	588	570	578	634	626	592	653	787	811	824	853	807	813	848	829	858	871	895	1029	1087	1097	1093	1050	1054	1062	1118	1110	1070	1137	260	1508	168	21
1662	1529	1467	1394	649	581	637	630	586	600	620	606	560	371	549	891	870	857	844	827	891	855	838	825	812	791	1133	1065	1091	1114	1070	1084	1104	1090	1044	1055	1033	288	215	153	20
1623	1530	1476	1395	647	614	607	563	574	585	631	627	595	597	551	889	868	850	860	834	869	820	862	826	814	793	1131	1098	1091	1057	1058	1069	1115	1111	1077	1081	1035	247	225	152	39
1624	1531	1575	1396	643	638	624	587	508	617	610	567	563	582	555	885	867	847	837	810	836	832	851	833	813	797	1127	1122	1108	1071	1052	1101	1094	1051	1059	1066	1039	236	207	151	38
1625	1532	1576	1397	642	604	584	575	579	632	625	590	601	621	556	884	864	804	803	819	891	822	830	866	878	793	1126	1088	1048	1039	1063	1116	1109	1074	1085	1105	1040	235	206	150	37
1626	1533	1577	1398	641	628	594	595	618	611	561	569	580	635	557	883	875	877	876	801	803	808	807	830	880	779	1125	1112	1078	1079	1102	1095	1045	1053	1064	1119	1041	284	205	149	36
1627	1534	1578	1399	657	550	552	553	554	655	652	651	548	558	659	899	792	794	795	796	897	894	893	790	800	901	1141	1035	1036	1037	1038	1139	1136	1135	1032	1042	1143	283	204	148	35
1628	1535	1570	1400	660	670	671	674	702	779	777	778	775	774	662	1265	1374	1372	1371	1370	1269	1272	1273	1376	1366	1367	418	428	429	432	460	537	535	534	533	532	420	282	203	147	34
1629	1536	1580	1401	667	681	693	695	697	742	741	739	735	757	773	1268	1365	1368	1353	1292	1285	1290	1337	1330	1335	1384	425	439	451	453	455	500	499	497	493	515	531	281	209	146	33
1630	1537	1481	1402	663	689	703	715	734	730	720	722	707	738	772	1263	1350	1352	1354	1287	1280	1291	1332	1334	1336	1382	426	440	461	473	492	488	487	480	405	516	530	280	201	145	32
1631	1539	1482	1403	669	685	708	736	764	672	700	728	731	755	771	1270	1351	1356	1340	1288	1293	1296	1333	1338	1331	1350	427	443	467	494	392	430	458	486	489	513	529	279	200	143	31
1632	1540	1483	1318	673	753	726	760	688	696	724	732	714	687	767	1271	1310	1303	1308	1328	1321	1326	1346	1339	1344	1379	431	511	484	518	446	454	482	490	472	445	325	296	199	142	30
1633	1541	1484	1387	765	751	727	684	692	720	748	756	713	689	675	1375	1305	1307	1309	1328	1323	1327	1341	1343	1345	1275	323	509	485	482	450	478	506	514	471	457	433	295	198	141	49
1634	1542	1485	1388	763	750	723	708	716	744	752	680	717	600	677	1373	1306	1311	1304	1326	1320	1322	1342	1347	1340	1277	321	508	481	466	476	502	510	438	475	448	435	294	197	140	48
1635	1543	1486	1389	769	740	719	712	740	768	676	704	721	601	678	1369	1319	1312	1317	1364	1337	1362	1301	1294	1299	1281	520	507	477	470	498	520	434	462	479	449	436	293	196	139	47
1636	1544	1487	1390	761	746	733	725	706	710	711	718	737	604	679	1368	1314	1316	1318	1339	1361	1363	1296	1295	1300	1282	519	504	491	483	464	468	469	476	495	459	437	292	195	138	46
1637	1545	1488	1391	755	683	747	745	743	698	699	701	705	739	686	1367	1315	1320	1313	1360	1365	1355	1297	1302	1295	1283	517	454	505	503	501	456	457	459	463	517	444	291	194	137	45
1638	1546	1489	1392	778	770	769	766	781	661	663	664	665	666	780	1383	1276	1278	1279	1280	1281	1378	1377	1274	1284	1385	536	528	527	524	496	419	421	422	423	424	338	290	193	136	44
1639	1547	1491	282	1445	1446	1447	1448	1449	1450	1451	1452	1453	1437	1438	1439	1440	1441	1442	1443	240	277	276	275	274	273	272	271	270	269	265	267	266	265	264	263	261	1492	191	135	43
1640	1548	1490	1444	1507	1506	1505	1504	1503	1502	1501	1500	1499	1498	1497	1496	1495	1494	1493	215	213	212	211	210	209	228	227	226	225	224	223	222	221	220	219	218	217	216	1528	134	42
1533	153	1602	1600	1599	1598	1597	1596	1595	1594	1593	1592	1591	1590	1589	1588	1587	1586	1585	1584	114	115	116	117	118	119	120	121	122	123	124	125	126	127	128	129	130	131	132	1663	144
60	1659	1658	1657	1656	1655	1654	1653	1652	1651	1650	1649	1648	1647	1646	1645	1644	1643	1642	1641	81	79	78	77	76	75	74	73	72	71	70	69	68	67	66	65	64	63	62	61	1660

Fig. 52.

	0	1	2	3	4	5	6	7	8	9	10	11	12	13	14
0.0	Aa	Bb	Cc	Dd	Ee	Ff	Gg	Hh	Ii	Kk	Ll	Mm	Nn	Oo	Pp
2.4	Ce	Df	Eg	Fh	Gi	Hk	Il	Km	Ln	Mo	Np	Oa	Pb	Ac	Bd
4.8	Ei	Fk	Gl	Hm	In	Ko	Lp	Ma	Nb	Oc	Pd	Ae	Bf	Cg	Dh
6.12	Gn	Ho	Ip	Ka	Lb	Mc	Nd	Oe	Pf	Ag	Bh	Ci	Dk	El	Fm
8.1	Ib	Kc	Ld	Me	Nf	Og	Ph	Ai	Bk	Cl	Dm	En	Fo	Gp	Ha
10.5	Lf	Mg	Nh	Oi	Pk	Al	Bm	Cn	Do	Ep	Fa	Gb	Hc	Id	Ke
12.9	Nk	Ol	Pm	An	Bo	Cp	Da	Eb	Fc	Gd	He	If	Kg	Lh	Mi
14.13	Po	Ap	Ba	Cb	Dc	Ed	Fe	Gf	Hg	Ih	Ki	Lk	Ml	Nm	On
1.2	Bc	Cd	De	Ef	Fg	Gh	Hi	Ik	Kl	Lm	Mn	No	Op	Pa	Ab
3.6	Dg	Eh	Fi	Gk	Hl	Im	Kn	Lo	Mp	Na	Ob	Pc	Ad	Be	Cf
5.10	Fl	Gm	Hn	Io	Kp	La	Mb	Nc	Od	Pe	Af	Bg	Ch	Di	Ek
7.14	Hp	Ia	Kb	Lc	Md	Ne	Of	Pg	Ah	Bi	Ck	Dl	Em	Fn	Go
9.3	Kd	Le	Mf	Ng	Oh	Pi	Ak	Bl	Cm	Dn	Eo	Fp	Ga	Hb	Ic
11.7	Mh	Ni	Ok	Pl	Am	Bn	Co	Dp	Ea	Fb	Gc	Hd	Ie	Kf	Lg
13.11	Om	Pn	Ao	Bp	Ca	Db	Ec	Fd	Ge	Hf	Ig	Kh	Li	Mk	Nl

Fig. 53.

87	31	59	183	20	62	6	97	158	219	130	178	146	195	198
50	107	21	67	8	99	160	223	131	180	138	192	196	89	34
23	69	10	103	161	225	123	177	136	194	199	80	32	51	112
11	105	153	222	121	179	139	185	197	81	37	53	114	25	73
151	224	124	174	137	186	202	83	39	55	118	26	75	3	102
122	171	142	188	204	85	43	56	120	18	72	1	104	154	215
144	190	208	86	45	48	117	16	74	4	95	152	216	127	173
210	78	42	46	119	19	65	2	96	157	218	129	175	143	191
44	49	110	17	66	7	98	159	220	133	176	150	183	207	76
111	22	68	9	100	163	221	135	168	147	181	209	79	35	47
70	15	101	165	213	132	166	149	134	200	77	36	52	113	24
93	162	211	136	169	140	182	201	82	38	54	115	28	71	13
214	125	167	141	187	203	84	40	58	116	30	63	12	91	164
172	145	189	205	88	41	60	108	27	61	14	94	155	212	126
193	206	90	33	57	106	29	64	5	92	156	217	128	174	165

Fig. 54.

	0	1	2	3	4
0	Ap	Bq	Cr	Ds	Et
3	Es	At	Bp	Cq	Dr
1	Dq	Er	As	Bt	Cp
4	Ct	Dp	Eq	Ar	Bs
2	Br	Cs	Dt	Ep	Aq

Fig. 55

11	2	8	19	25
24	15	1	7	18
17	23	14	5	6
10	16	22	13	4
3	9	20	21	12

Fig. 51.

7	6	1	13	8	9	5	3	10	2	4	11	12	
46	71	34	169	8	35	96	55	135	132	108	128	90	78
77	20	162	1	39	89	61	148	133	114	112	82	50	39
24	168	7	32	92	65	151	139	109	120	88	41	69	65
160	11	38	98	58	144	143	112	126	80	42	75	15	13
2	30	102	64	150	136	105	130	36	48	70	16	166	156
36	93	56	154	42	111	123	79	52	73	22	161	3	0
94	62	145	134	115	129	85	45	66	26	164	9	31	26
57	146	140	106	121	89	51	72	19	157	13	34	100	91
132	135	107	127	80	43	76	25	163	6	27	104	60	52
138	113	122	81	49	67	17	167	12	33	97	53	156	163
117	125	87	44	68	23	158	4	37	103	59	140	131	130
118	91	47	74	18	159	10	28	95	63	155	157	110	104
84	40	78	21	165	5	29	101	54	147	141	116	124	117

Fig. 58.

37	78	29	70	21	62	13	54	5
6	38	79	30	71	22	63	14	46
47	7	39	80	31	72	23	55	15
16	48	8	40	81	32	64	24	56
57	17	49	9	41	73	33	65	25
26	58	18	50	1	42	74	34	66
67	27	59	10	51	2	43	75	35
36	68	19	60	11	52	3	44	76
77	28	69	20	61	12	53	4	45

Fig. 60

3	49	18	36	23	12	34
48	17	42	25	8	30	5
19	41	24	14	32	1	44
37	26	13	31	7	46	15
22	9	33	6	45	21	39
35	4	43	16	40	27	10
11	29	2	47	20	38	28

Fig. 59.

7	25	13	1	19
24	12	5	18	6
11	4	17	10	23
20	8	21	14	2
3	16	9	22	15

Fig. 56.

			41			
			17			
			49			
13	31	7	25	43	19	37
			1			
			33			
			9			

Fig. 57.

22	47	16	41	10	35	4
5	23	45	17	42	11	29
30	6	24	49	18	36	12
13	31	7	25	43	19	37
38	14	32	1	26	44	20
21	39	8	33	2	27	48
46	15	40	9	34	3	28

Fig. 61.

76	64	4	136	28	112	21	127	43	103	93	57
81	69	9	141	33	117	16	124	40	100	88	52
84	72	12	144	36	120	13	121	37	97	85	49
73	61	1	133	25	109	23	132	48	108	96	60
77	65	5	137	29	113	20	128	44	104	92	56
80	68	8	140	32	116	17	125	41	101	89	53
66	78	138	6	114	30	127	19	103	43	35	91
67	79	139	7	115	31	126	18	102	42	54	90
63	75	135	3	111	27	130	22	106	46	58	94
70	82	142	10	118	34	123	15	99	39	51	87
62	74	134	2	110	26	131	23	107	47	59	95
71	83	143	11	119	35	122	14	98	38	50	86

Fig. 64.

1	137	2	136	6	135	142	7	141	11	140	12
48	104	47	105	43	106	99	42	100	38	101	37
73	65	74	64	78	63	70	79	69	83	68	84
24	128	23	129	19	130	123	18	124	14	125	13
49	89	50	88	54	87	94	55	93	59	92	60
36	116	35	117	31	118	111	30	112	26	113	25
120	32	119	33	115	34	27	114	28	110	29	109
85	53	86	52	90	51	58	91	57	95	56	96
132	20	131	21	127	22	15	126	16	122	17	121
61	77	62	76	66	75	82	67	81	71	80	72
108	44	107	45	103	46	39	102	40	98	41	97
133	5	134	4	138	3	10	139	9	143	8	144

Fig. 67.

1	2 143	3	4 141	5	6 139	7 138	8	9 136	10	11 134	12
13 132	14	15 130	16	17 128	18	19	20 125	21	22 123	23	24 121
25	26 119	27	28 117	29	30 115	31 114	32	33 112	34	35 110	36
37 108	38	39 106	40	41 104	42	43	44 101	45	46 99	47	48 97
49	50 95	51	52 93	53	54 91	55 90	56	57 88	58	59 86	60
61 84	62	63 82	64	65 80	66	67	68 77	69	70 75	71	72 73
73 72	74	75 70	76	77 68	78	79	80 65	81	82 63	83	84 61
85	86 59	87	88 57	89	90 55	91 54	92	93 52	94	95 50	96
97 48	98	99 46	100	101 44	102	103	104 41	105	106 39	107	108 37
109	110 35	111	112 33	113	114 31	115 30	116	117 28	118	119 26	120
121 24	122	123 22	124	125 20	126	127	128 17	129	130 15	131	132 13
133	134 11	135	136 9	137	138 7	139 6	140	141 4	142	143 2	144

Fig. 62.

5	61	36	28	52	12	21	45
4	60	37	29	53	13	20	44
38	2	31	39	15	55	42	18
63	7	26	34	10	50	47	23
57	1	32	40	16	56	41	17
64	8	25	33	9	49	48	24
3	59	58	30	54	14	19	43
6	62	35	27	51	11	22	46

Fig. 65.

64	3	2	5	4	63	62	57
9	54	15	52	13	10	51	56
48	43	42	21	20	47	22	17
33	30	31	28	29	34	35	40
25	38	39	36	37	26	27	32
24	19	18	45	44	23	46	41
49	14	55	12	53	50	11	16
8	59	58	61	60	7	6	1

Fig. 63.

5	37	12	20	44	52	29	61
2	34	15	23	47	55	26	58
57	25	56	48	24	16	33	1
59	27	54	46	22	14	35	3
62	30	51	43	19	11	38	6
64	32	49	41	17	9	40	8
7	39	10	18	42	50	31	63
4	36	13	21	45	53	28	60

Fig. 66.

5	65	1	64	4	58	3	62
17	48	20	42	19	46	21	47
60	2	59	6	61	7	57	8
43	22	45	23	41	24	44	18
15	53	14	51	10	52	16	49
30	35	26	36	32	33	31	37
50	12	56	9	55	13	54	11
40	25	39	29	38	27	34	28

Fig. 68.

1	255	3	253	5	251	7	249	248	10	246	12	244	14	242	16
240	18	238	20	236	22	234	24	25	231	27	229	29	227	31	225
33	223	35	221	37	219	39	217	216	42	214	44	212	46	210	48
208	50	206	52	204	54	202	56	57	199	59	197	61	195	63	193
65	191	67	189	69	187	71	185	184	74	182	76	180	78	178	80
176	82	174	84	172	86	170	88	89	167	91	165	93	163	95	161
97	159	99	157	101	155	103	153	152	106	150	108	148	110	146	112
144	114	142	116	140	118	138	120	121	135	123	133	125	131	127	129
128	130	126	132	124	134	122	136	137	119	139	117	141	115	143	113
145	111	147	109	149	107	151	105	104	154	102	156	100	158	98	160
96	162	94	164	92	166	90	168	169	87	171	85	173	83	175	81
177	79	179	77	181	75	183	73	72	186	70	188	68	190	66	192
64	194	62	196	60	198	58	200	201	55	203	53	205	51	207	49
209	47	211	45	213	43	215	41	40	218	38	220	36	222	34	224
32	226	30	228	28	230	26	232	233	23	235	21	237	19	239	17
241	15	243	13	245	11	247	9	8	250	6	252	4	254	2	256

Fig. 69.

53	278	58	268	43	273	48	263
208	103	213	118	218	108	203	113
243	73	248	63	253	78	258	68
98	228	83	233	88	223	93	238
313	3	308	18	318	13	303	8
143	168	153	163	148	178	158	173
38	293	23	288	33	283	28	298
188	138	198	133	183	128	193	123

Fig. 70.

11	192	13	194	195	16	197	18
8	2	203	205	204	206	7	1
151	157	56	55	54	53	152	158
68	67	146	145	144	143	62	61
148	147	66	65	64	63	142	141
51	57	156	154	155	153	52	58
208	202	3	4	5	6	207	201
191	12	193	14	15	196	17	198

Fig. 71.

1	7	8	15	11	12	13	14	2	5	16	10	4	6	3	9
15	8	7	1	14	13	12	11	16	10	2	5	3	9	4	6
7	1	15	8	12	11	14	13	10	16	5	2	9	3	6	4
8	15	1	7	13	14	11	12	5	2	10	16	6	4	9	3
2	5	16	10	4	6	3	9	1	7	8	15	11	12	13	14
16	10	2	5	3	9	4	6	15	8	7	1	14	13	12	11
10	16	5	2	9	3	6	4	7	1	15	8	12	11	14	13
5	2	10	16	6	4	9	3	8	15	1	7	13	14	11	12
4	6	3	9	2	5	16	10	11	12	13	14	1	7	8	15
3	9	4	6	16	10	2	5	14	13	12	11	15	8	7	1
9	3	6	4	10	16	5	2	12	11	14	13	7	1	15	8
6	4	9	3	5	2	10	16	13	14	11	12	8	15	1	7
11	12	13	14	1	7	8	15	4	6	3	9	2	5	16	10
14	13	12	11	15	8	7	1	3	9	4	6	16	10	2	5
12	11	14	13	7	1	15	8	9	3	6	4	10	16	5	2
13	14	11	12	8	15	1	7	6	4	9	3	5	2	10	16

Fig. 72.

2	12	5	6	11	9	4	8	1	7	3	10
12	5	2	9	6	11	8	1	4	10	7	3
5	2	12	11	9	6	1	4	8	3	10	7
8	4	1	3	10	7	12	2	5	11	6	9
4	1	8	10	7	3	5	12	2	9	11	6
1	8	4	7	3	10	2	5	12	6	9	11
3	7	10	8	1	4	11	6	9	2	5	12
7	10	3	4	8	1	6	9	11	12	2	5
10	3	7	1	4	8	9	11	6	5	12	2
6	9	11	2	12	5	7	3	10	8	1	4
11	6	9	12	5	2	3	10	7	1	4	8
9	11	6	5	2	12	10	7	3	4	8	1

Fig. 73.

25	39	38	28	1	63	62	4
36	30	31	33	52	14	15	49
32	34	35	29	16	50	51	13
37	27	26	40	61	3	2	64
5	58	56	11	53	23	48	6
47	20	22	41	10	44	19	57
24	43	45	18	8	46	21	55
54	9	7	60	59	17	42	12

Fig. 74.

65	79	78	68	9	135	134	12	17	127	126	20
76	70	71	73	132	14	15	129	124	22	23	121
72	74	75	69	16	130	131	13	24	122	123	21
77	67	66	80	133	11	10	136	125	19	18	128
1	143	142	4	33	111	110	36	49	95	94	52
140	6	7	137	108	38	39	105	92	54	55	89
8	138	139	5	40	106	107	37	56	90	91	53
141	3	2	144	109	35	34	112	93	51	50	94
41	103	102	44	25	119	118	28	57	87	86	60
100	46	47	97	116	30	31	113	84	62	63	81
48	98	99	45	32	114	115	29	64	82	83	61
101	43	42	104	117	27	26	120	85	59	58	88

Fig. 75.

113	127	126	116	1	15	14	4	81	87	96	90
124	118	119	121	12	6	7	9	94	92	83	85
120	122	123	117	8	10	11	5	84	86	93	91
125	115	114	128	13	3	2	16	95	89	82	88
33	47	40	42	77	80	66	67	97	103	112	106
44	38	45	35	65	68	78	79	110	108	99	101
46	36	43	37	76	73	71	70	100	102	109	107
39	41	34	48	72	69	75	74	111	105	98	104
61	50	51	64	129	143	142	132	17	22	27	32
56	59	58	53	140	134	135	137	28	31	18	21
60	55	54	57	136	138	139	133	30	25	24	19
49	62	63	52	141	131	130	144	23	20	29	26

Fig. 76.

1	63	62	4	9	55	54	12
60	6	7	57	52	14	15	49
8	58	59	5	16	50	51	13
61	3	2	64	53	11	10	56
17	47	46	20	25	39	38	28
44	22	23	41	36	30	31	33
24	42	43	21	32	34	35	29
45	19	18	48	37	27	26	40

Fig. 77.

8	1	6	128	135	130	125	124	119	35	28	33
3	5	7	133	131	129	118	122	126	30	32	34
4	9	2	132	127	134	125	120	121	31	36	29
105	106	101	51	52	47	58	57	62	74	81	76
100	104	108	46	50	54	63	59	55	79	77	75
107	102	103	53	48	49	56	61	60	78	73	80
71	64	69	89	82	87	96	97	92	40	39	44
66	68	70	84	86	88	91	95	99	45	41	37
67	72	65	85	90	83	98	93	94	38	43	42
112	111	116	26	19	24	15	16	11	143	136	141
117	113	109	21	23	25	10	14	18	138	140	142
110	115	114	22	27	20	17	12	13	139	144	137

Fig. 78.

17	24	1	8	15	365	366	372	353	359	342	349	326	333	340	90	91	97	78	84
23	5	7	14	16	358	364	370	371	352	348	330	332	339	341	83	89	95	96	77
4	6	13	20	22	351	357	363	369	375	329	331	338	345	347	76	82	88	94	100
10	12	19	21	3	374	355	356	362	368	335	337	344	346	328	99	80	81	87	93
11	18	25	2	9	367	373	354	360	361	336	343	350	327	334	92	98	79	85	86
292	299	276	283	290	142	149	126	133	140	165	166	172	153	159	217	224	201	208	215
298	280	282	289	291	148	130	132	139	141	158	164	170	171	152	223	205	207	214	216
279	281	288	295	297	129	131	138	145	147	151	157	163	169	175	204	206	213	220	222
285	287	294	296	278	135	137	144	146	128	174	155	156	162	168	210	212	219	221	203
286	293	300	277	284	136	143	150	127	134	167	173	154	160	161	211	218	225	202	209
192	199	176	183	190	242	249	226	233	240	261	260	254	273	267	115	116	122	103	109
198	180	182	189	191	248	230	232	239	241	268	262	256	255	274	108	114	120	121	102
179	181	188	195	197	229	231	238	245	247	275	269	263	257	251	101	107	113	119	125
185	187	194	196	178	235	237	244	246	228	252	271	270	264	258	124	105	106	112	118
186	193	200	177	184	236	243	250	227	234	259	253	272	266	265	117	123	104	110	111
317	324	301	308	315	67	74	51	58	65	42	49	26	33	40	392	399	376	383	390
323	305	307	314	316	73	55	57	64	66	48	30	32	39	41	398	380	382	389	391
304	306	313	320	322	54	56	63	70	72	29	31	38	45	47	379	381	388	395	397
310	312	319	321	303	60	62	69	71	53	35	37	44	46	28	385	387	394	396	378
311	318	325	302	309	61	68	75	52	59	36	43	50	27	34	386	393	400	377	384

Fig. 86.

33	111	110	36	65	79	78	68	25	119	118	28
108	38	39	105	76	70	71	73	116	30	31	113
40	106	107	37	72	74	75	69	32	114	115	29
109	35	34	112	77	67	66	80	117	27	26	120
17	127	126	20	1	143	142	4	57	87	86	60
124	22	23	121	140	6	7	137	84	62	63	81
24	122	123	21	8	138	139	5	64	82	83	61
125	19	18	128	141	3	2	144	85	59	58	88
9	135	134	12	49	95	94	52	41	103	102	44
132	14	15	129	92	54	55	89	100	46	47	97
16	130	131	13	56	90	91	53	48	98	99	45
133	11	10	136	93	51	50	96	101	43	42	104

Fig 79.

0			56	32			24
	0	56			32	24	
	56	0			24	32	
56			0	24			32
24			32	56			0
	24	32			56	0	
	32	24			0	56	
32			24	0			56

Fig. 80.

	16	8			48	40	
16			8	48			40
8			16	40			48
	8	16			40	48	
	48	40			16	8	
48			40	16			8
40			48	8			16
	40	48			8	16	

Fig. 81.

0	16	8	56	32	48	40	24
16	0	56	8	48	32	24	40
8	56	0	16	40	24	32	48
56	8	16	0	24	40	48	32
24	48	40	32	56	16	8	0
48	24	32	40	16	56	0	8
40	32	24	48	8	0	56	16
32	40	48	24	0	8	16	56

0	32	48	64				240	224				176	192	208	16
32	0	64	48			240			224			192	176	16	208
48	64	0	32		240					224		208	16	176	192
64	48	32	0	240							224	16	208	192	176
			240	0			64	176			16	224			
		240			0	64			176	16			224		
	240				64	0			16	176				224	
240				64			0	16			176				224
16				176			224	240			64				0
	16				176	224			240	64				0	
		16			224	176			64	240			0		
			16	224			176	64			240	0			
176	192	208	224	16							0	240	32	48	64
192	176	224	208		16					0		32	240	64	48
208	224	176	192			16			0			48	64	240	32
224	208	192	176				16	0				64	48	32	240

0	32	48	64	80	96	112	240	224	128	144	160	176	192	208	16
32	0	64	48	96	80	240	112	128	224	160	144	192	176	16	208
48	64	0	32	112	240	80	96	144	160	224	128	208	16	176	192
64	48	32	0	240	112	96	80	160	144	128	224	16	208	192	176
80	96	112	240	0	32	48	64	176	192	208	16	224	128	144	160
96	80	240	112	32	0	64	48	192	176	16	208	128	224	160	144
112	240	80	96	48	64	0	32	208	16	176	192	144	160	224	128
240	112	96	80	64	48	32	0	16	208	192	176	160	144	128	224
16	128	144	160	176	192	208	224	240	32	48	64	80	96	112	0
128	16	160	144	192	176	224	208	32	240	64	48	96	80	0	112
144	160	16	128	208	224	176	192	48	64	240	32	112	0	80	96
160	144	128	16	224	208	192	176	64	48	32	240	0	112	96	80
176	192	208	224	16	128	144	160	80	96	112	0	240	32	48	64
192	176	224	208	128	16	160	144	96	80	0	112	32	240	64	48
208	224	176	192	144	160	16	128	112	0	80	96	48	64	240	32
224	208	192	176	160	144	128	16	0	112	96	80	64	48	32	240

Fig. 84.

0	240	48	32	64	80	96	112	128	144	160	176	208	192	224	16
240	0	32	48	80	64	112	96	144	128	176	160	192	208	16	224
48	32	0	240	96	112	64	80	160	176	128	144	224	16	208	192
32	48	240	0	112	96	80	64	176	160	144	128	16	224	192	208
64	80	96	112	0	240	48	32	208	192	224	16	128	144	160	176
80	64	112	96	240	0	32	48	192	208	16	224	144	128	176	160
96	112	64	80	48	32	0	240	224	16	208	192	160	176	128	144
112	96	80	64	32	48	240	0	16	224	192	208	176	160	144	128
128	144	160	176	208	192	16	224	240	0	48	32	64	80	96	112
144	128	176	160	192	208	224	16	0	240	32	48	80	64	112	96
160	176	128	144	16	224	208	192	48	32	240	0	96	112	64	80
176	160	144	128	224	16	192	208	32	48	0	240	112	96	80	64
208	192	16	224	128	144	160	176	64	80	96	112	240	0	48	32
192	208	224	16	144	128	176	160	80	64	112	96	0	240	32	48
16	224	208	192	160	176	128	144	96	112	64	80	48	32	240	0
224	16	192	208	176	160	144	128	112	96	80	64	32	48	0	240

Fig. 85.

1	16	5	12	10	7	3	14	4	13	9	8	11	6	15	2
16	1	12	5	7	10	14	3	13	4	8	9	6	11	2	15
5	12	1	16	3	14	10	7	9	8	4	13	15	2	11	6
12	5	16	1	14	3	7	10	8	9	13	4	2	15	6	11
7	10	14	3	16	1	5	12	11	6	2	15	13	4	9	8
10	7	3	14	1	16	12	5	6	11	15	2	4	13	8	9
14	3	7	10	5	12	16	1	2	15	11	6	9	8	13	4
3	14	10	7	12	5	1	16	15	2	6	11	8	9	4	13
4	13	9	8	11	6	15	2	1	16	5	12	10	7	3	14
13	4	8	9	6	11	2	15	16	1	12	5	7	10	14	3
9	8	4	13	15	2	11	6	5	12	1	16	3	14	10	7
8	9	13	4	2	15	6	11	12	5	16	1	14	3	7	10
11	6	2	15	13	4	9	8	7	10	14	3	16	1	5	12
6	11	15	2	4	13	8	9	10	7	3	14	1	16	12	5
2	15	11	6	9	8	13	4	14	3	7	10	5	12	16	1
15	2	6	11	8	9	4	13	3	14	10	7	12	5	1	16

Fig. 88.

1	225	209	49	15	239	223	63	14	238	222	62	4	228	212	52
177	81	97	129	191	95	111	143	190	94	110	142	180	84	100	132
113	145	161	65	127	159	175	79	126	158	174	78	116	148	164	68
193	33	17	241	207	47	31	255	206	46	30	254	196	36	20	244
12	236	220	60	6	230	214	54	7	231	215	55	9	233	217	57
188	92	108	140	182	86	102	134	183	87	103	135	185	89	105	137
124	156	172	76	118	150	166	70	119	151	167	71	121	153	169	73
204	44	28	252	198	38	22	246	199	39	23	247	201	41	25	249
8	232	216	56	10	234	218	58	11	235	219	59	5	229	213	53
184	88	104	136	186	90	106	138	187	91	107	139	181	85	101	133
120	152	168	72	122	154	170	74	123	155	171	75	117	149	165	69
200	40	24	248	202	42	26	250	203	43	27	251	197	37	21	245
13	237	221	61	3	227	211	51	2	226	210	50	16	240	224	64
189	93	109	141	179	83	99	131	178	82	98	130	192	96	112	144
125	157	173	77	115	147	163	67	114	146	162	66	128	160	176	80
205	45	29	253	195	35	19	243	194	34	18	242	208	48	32	256

Fig. 89.

1	248	240	25	2	247	239	26	7	242	234	31	8	241	233	32
224	41	49	200	223	42	50	199	218	47	55	194	217	48	56	193
57	208	216	33	58	207	215	34	63	202	210	39	64	201	209	40
232	17	9	256	231	18	10	255	226	23	15	250	225	24	16	249
3	253	252	6	19	237	236	22	35	221	220	38	51	205	204	54
246	12	13	243	236	28	29	227	214	44	45	211	198	60	61	195
14	244	245	11	30	228	229	27	46	212	213	43	62	196	197	59
251	5	4	254	235	21	20	238	219	37	36	222	203	53	52	206
65	188	184	77	66	187	183	78	67	186	182	79	68	185	181	80
176	85	89	164	175	86	90	163	174	87	91	162	173	88	92	161
93	168	172	81	94	167	171	82	95	166	170	83	96	165	169	84
180	73	69	192	179	74	70	191	178	75	71	190	177	76	72	189
97	158	156	103	98	157	155	104	113	143	142	116	121	135	134	124
152	107	109	146	151	108	110	145	140	118	119	137	132	126	127	129
111	148	150	105	112	147	149	106	120	138	139	117	128	130	131	125
154	101	99	160	153	102	100	159	141	115	114	144	133	123	122	136

Fig. 92.

1	34	32	30	10	4
35	11	25	24	14	2
28	22	16	17	19	9
6	18	20	21	15	31
8	23	13	12	26	29
33	3	5	7	27	36

Fig. 90

a				c	b
					a
					c
b					
c					
	a	b	c		

Fig. 91.

1	34	32	30	10	4
35					2
28					9
6					31
8					29
33	3	5	7	27	36

Fig. 87.

1	48	49	80	81	112	113	256	225	144	145	176	177	208	209	32
34	15	66	63	98	95	242	127	130	239	162	159	194	191	18	223
51	78	3	46	115	254	83	110	167	174	227	142	211	30	179	206
68	61	36	13	244	125	100	93	164	157	132	237	20	221	196	189
96	97	128	241	16	33	164	65	192	193	224	17	240	129	160	161
111	82	255	114	47	2	79	50	207	178	31	210	143	226	175	146
126	243	94	99	62	67	14	35	222	19	190	195	158	163	238	131
253	116	109	84	77	52	45	4	29	212	205	180	173	148	141	228
28	153	136	165	188	197	220	229	252	37	60	69	92	101	124	5
139	22	171	150	203	182	235	214	43	246	75	54	107	86	11	118
154	167	26	135	218	231	186	199	58	71	250	39	112	7	90	103
169	152	137	24	233	216	201	184	73	56	41	248	9	120	105	88
181	204	213	236	21	140	149	172	85	108	117	12	245	44	53	76
198	187	230	219	134	27	166	155	102	91	6	123	38	251	70	59
215	234	183	202	151	170	23	138	119	10	87	106	55	74	247	42
232	217	200	185	168	153	136	25	8	121	104	89	72	57	40	249

Fig. 93.

6	64	2	60	13	55	51	9
4							61
62							3
8							57
58							7
54							11
12							53
56	1	63	5	52	10	14	59

Fig. 94.

6	64	2	60	13	55	51	9
4	15	48	46	44	24	18	61
62	49	25	39	38	28	16	3
8	42	36	30	31	33	23	57
58	20	32	34	35	29	45	7
54	22	37	27	26	40	43	11
12	47	17	19	21	41	50	53
56	1	63	5	52	10	14	59

Fig. 95.

6	97	3	91	93	90	12	18	58	7
2	24	82	20	78	31	73	69	27	99
5	22	33	66	64	62	42	36	79	96
100	80	67	43	57	56	46	34	21	1
92	26	60	54	48	49	51	41	75	9
86	76	38	50	52	53	47	63	25	15
16	72	40	55	45	44	58	61	29	85
17	30	65	35	37	39	59	68	71	84
87	74	19	81	23	70	28	32	77	14
94	4	98	10	8	11	89	83	13	93

Fig. 96.

54	140	139	46	48	138	50	145	142	69	70	136	135	67
148	25	182	178	17	20	173	166	26	165	36	164	30	49
152	16	86	113	83	107	109	106	92	98	104	87	181	45
47	21	82	6	196	2	192	13	187	183	9	115	176	150
51	179	85	4	71	124	122	120	80	74	193	112	18	146
53	175	116	194	125	57	159	158	40	72	3	81	22	144
141	170	108	8	118	156	42	43	153	79	189	89	27	56
137	23	102	190	76	44	154	155	41	121	7	95	174	60
134	169	96	186	78	157	39	38	160	119	11	101	28	63
68	168	97	12	123	73	75	77	117	126	185	100	29	129
65	34	103	188	1	195	5	184	10	14	191	94	163	132
133	35	110	84	114	90	88	91	105	99	93	111	162	64
66	167	15	19	180	177	24	31	171	32	161	33	172	131
130	57	58	151	149	59	147	52	55	128	127	61	62	143

Fig. 99.

73	41	49	80	84	88	93	144	136	120	112	116	113	128
1	190	11	19	37	158	176	155	6	70	187	143	30	196
194	15	5	188	184	17	182	18	2	183	171	38	179	3
152	172	174	27	31	162	25	50	175	34	46	139	147	45
57	29	35	166	170	23	168	135	58	151	163	22	62	140
132	164	180	13	9	192	33	66	159	26	14	195	131	65
74	21	186	178	160	39	7	167	191	127	10	54	42	123
121	126	161	24	40	64	177	118	111	130	43	51	138	76
89	169	4	189	185	16	28	122	47	142	134	71	75	108
105	165	149	52	56	157	32	87	114	91	99	90	110	92
96	44	60	141	145	48	153	103	107	98	106	83	94	101
97	68	181	12	8	193	129	102	126	63	55	150	95	100
119	20	36	173	157	133	72	59	86	67	154	146	79	78
69	156	148	117	113	109	104	53	61	77	85	81	82	124

Fig. 98.

29	32	61	63	64	65	66	41	54	30
42	7	12	86	81	80	68	62	8	59
44	22	97	1	2	95	10	98	79	57
48	24	14	5	92	88	17	87	77	53
50	76	16	82	23	27	70	85	25	51
58	75	90	31	74	78	19	11	26	43
56	73	83	84	13	9	96	18	28	45
55	34	3	100	99	6	91	4	67	46
52	93	89	15	20	21	33	39	94	49
71	69	40	38	37	36	35	60	47	72

Fig. 100.

1	9	10	11	12	28	29	30	31	34	363	364	365	366	384	396	397	398	399	383
40	382	329	330	335	334	339	338	381	41	42	43	44	54	55	68	69	70	355	361
39	49	73	327	326	320	317	85	76	80	105	295	294	288	285	117	108	112	352	362
33	50	322	87	313	312	91	308	92	79	290	119	281	280	123	276	124	111	351	368
32	45	318	311	97	303	302	100	90	83	286	279	129	271	270	132	122	115	356	369
8	60	324	306	300	102	103	297	95	77	292	274	268	134	135	265	127	109	341	393
7	61	86	94	104	298	299	101	307	315	118	126	136	266	267	133	275	283	340	394
6	48	78	96	301	99	98	304	305	323	110	128	269	131	130	272	273	291	353	395
21	59	82	309	88	89	310	93	314	319	114	277	120	121	278	125	282	287	342	380
388	52	321	74	75	81	84	316	325	328	289	106	107	113	116	284	293	296	349	13
387	358	137	263	262	256	253	149	140	144	169	231	230	224	221	181	172	176	47	14
386	365	258	151	269	248	155	246	156	143	226	183	217	216	187	212	188	175	58	15
385	336	234	247	164	239	238	164	154	147	222	215	193	207	206	196	186	179	63	16
379	350	260	242	236	166	167	233	159	141	228	210	204	198	199	201	191	173	51	22
378	357	150	158	168	234	235	165	243	251	182	190	200	202	203	197	211	219	64	23
377	348	142	160	257	163	162	240	241	239	174	192	205	195	194	208	209	227	53	24
376	345	146	245	152	153	246	157	250	255	178	213	184	185	214	189	218	223	56	25
375	344	257	138	139	145	148	252	261	264	225	170	171	177	180	220	229	232	57	26
374	46	72	71	66	67	62	63	20	360	359	358	357	387	346	353	332	331	19	27
18	392	391	390	389	373	372	371	370	367	38	37	36	35	17	5	4	3	2	400

Fig. 97.

2	31	29	26	19	4
28	1	34	32	7	9
13	27	12	14	21	24
15	16	23	25	10	22
20	30	5	3	36	17
33	6	8	11	18	35

Fig. 101.

396	400	399	398	417	418	419	420	421	444	445	432	491	492	493	494	495	496	497	498	499	500	466	467	468	463	429	430	431	397
393	8	10	14	12	20	21	898	899	900	875	876	877	884	13	34	36	40	38	46	47	872	873	874	849	850	851	858	39	508
507	4	107	109	111	788	793	795	147	149	151	748	753	755	897	30	117	119	121	778	783	785	157	159	161	738	743	745	871	394
395	5	114	263	635	634	268	787	154	273	627	626	276	767	896	31	124	281	619	618	284	777	164	289	611	610	292	757	870	506
415	894	296	632	270	271	629	105	756	624	278	279	621	145	7	868	786	616	286	287	613	115	746	608	294	295	605	155	33	486
416	893	791	272	630	631	269	110	751	280	622	623	277	150	6	869	781	288	614	615	285	120	741	290	606	607	293	160	32	485
487	890	789	633	267	266	636	112	749	625	275	274	628	152	11	864	779	617	283	282	620	122	739	609	291	290	612	162	37	414
488	892	106	792	790	113	108	794	146	752	750	153	148	754	9	866	116	782	780	123	118	784	156	742	740	163	158	744	35	413
412	15	137	139	141	758	763	765	127	129	131	768	773	775	886	41	167	169	171	728	733	735	177	179	181	718	723	725	860	489
490	16	144	297	603	602	300	757	134	305	595	594	308	767	885	42	174	313	587	586	316	727	184	321	579	578	324	717	859	411
423	22	766	600	302	303	597	135	776	592	310	311	589	125	879	48	736	584	318	319	581	165	726	576	326	327	573	175	853	478
424	18	761	304	598	599	301	140	771	312	590	591	309	130	883	44	731	320	582	583	317	170	721	328	574	575	325	180	857	477
479	878	759	601	299	298	604	142	769	593	307	306	596	132	23	852	729	585	315	314	588	172	719	577	323	322	580	182	49	422
473	882	136	762	760	143	138	764	126	772	770	133	128	774	19	856	166	732	730	173	168	734	176	722	720	183	178	724	45	428
427	888	891	887	889	881	880	3	2	1	26	25	24	17	893	862	865	861	863	853	854	29	28	27	32	31	30	43	867	474
475	86	88	92	90	98	99	820	821	822	797	798	799	806	91	60	62	66	64	72	73	846	847	848	823	824	825	832	65	426
476	82	187	189	191	708	713	715	197	199	201	698	703	705	819	56	207	209	211	688	693	695	217	219	221	678	683	685	845	425
443	83	194	329	571	570	332	707	204	337	563	562	340	697	818	57	214	345	555	554	348	687	224	353	547	546	356	677	844	458
464	816	716	568	334	335	565	185	706	560	342	343	557	195	85	842	696	552	350	351	549	205	686	544	358	359	541	215	59	437
465	817	711	336	566	567	333	190	701	344	558	559	341	200	84	843	691	352	550	551	349	210	681	360	542	543	357	220	58	436
460	812	709	569	331	330	572	192	699	561	339	338	564	202	89	838	689	553	347	346	556	212	679	545	355	354	548	222	63	441
461	814	186	712	710	193	188	714	196	702	700	203	198	704	87	840	206	692	690	213	208	694	216	682	680	223	218	684	61	440
439	93	257	259	261	638	643	645	247	249	251	648	653	655	808	67	237	239	241	658	663	665	227	229	231	668	673	675	834	462
459	94	264	361	539	538	364	637	254	369	531	530	372	647	807	68	244	377	523	522	380	657	234	385	515	514	388	667	833	442
446	100	646	536	366	367	533	255	656	528	374	375	525	245	801	74	666	520	382	383	517	235	676	512	390	391	509	225	827	455
447	96	641	368	534	535	365	260	651	376	526	527	373	250	805	70	661	384	518	519	381	240	671	392	510	511	389	230	831	454
448	804	639	537	363	362	540	262	649	529	371	370	532	252	101	826	659	521	379	378	524	242	669	513	387	386	516	232	75	453
451	806	256	642	640	263	258	644	266	652	650	253	248	654	97	830	236	662	660	243	238	664	226	672	670	233	228	674	71	450
452	810	813	809	811	803	802	81	80	79	104	103	102	95	815	836	839	835	837	829	828	55	54	53	78	77	76	69	841	449
504	501	502	503	484	483	482	481	480	457	456	469	410	409	408	407	406	405	404	403	402	401	435	434	433	438	472	471	470	505

Fig. 103 (a).

6	1	2	5	4	3
1	5	3	6	2	4
2	3	4	1	6	5
3	4	5	2	1	6
5	6	1	4	3	2
4	2	6	3	5	1

Fig. 103 (b).

5	7	15	12	8	3
7	12	3	5	15	8
15	3	8	7	5	12
3	8	12	15	7	5
12	5	7	8	3	15
8	15	5	3	12	7

Fig. 104.

5	8	1	4	7	2	9	6	3	10
6	4	7	5	3	8	10	2	9	1
2	10	3	6	4	9	1	8	5	7
3	1	9	2	10	5	7	4	6	8
9	2	5	8	1	6	3	10	7	4
10	3	6	9	2	7	4	1	8	5
4	7	10	3	6	1	8	5	2	9
8	6	4	7	5	10	2	9	1	3
7	5	8	1	9	4	6	3	10	2
1	9	2	10	8	3	5	7	4	6

7	230	464	500	503	384	596	644	647	653	659	670	677	678	790	791	788	780	792	1020	1367	1451	1360	1134	1107	1008	990	966	939	943	927	844	823	1002	930	831	819	820	815	437
452	433	232	1	454	227	518	521	551	560	563	761	763	771	828	1599	1143	839	841	1145	1156	1142	1131	1116	1089	1053	1044	1026	903	975	837	833	972	834	835	829	814	807	473	1149
229	3	11	1588	1586	17	59	1540	1538	65	107	1492	1490	113	70	1527	1521	1525	87	84	90	1513	1515	93	1509	75	380	1220	1219	383	388	1212	1211	391	396	1204	1203	399	1398	1372
233	1597	1582	21	23	1576	1534	69	71	1528	1486	117	119	1480	1501	106	132	1465	1469	140	144	148	1459	1453	1493	100	1217	385	386	1214	1209	393	394	1206	1201	401	402	1195	4	1368
452	1497	25	1578	1580	19	73	1530	1532	67	121	1482	1484	115	1523	1529	38	1541	34	1535	1543	65	1539	64	122	70	387	1215	1216	384	395	1207	1208	392	403	1199	1200	400	1104	1149
434	1113	1584	15	13	1590	1536	63	61	1542	1488	111	109	1494	94	1483	16	1537	20	1593	1583	6	1589	10	113	1507	1218	382	381	1221	1210	390	389	1213	1202	398	397	1205	488	1147
467	545	27	1572	1570	33	75	1524	1522	81	123	1476	1474	129	86	1585	26	1573	22	1567	1577	36	1571	32	116	1505	404	1196	1195	407	412	1188	1187	415	420	1180	1179	423	1036	1140
476	554	1566	37	39	1560	1518	85	87	1512	1470	133	135	1464	102	1487	48	1555	52	1561	1551	38	1557	42	114	1499	1193	409	410	1190	1185	417	418	1182	1177	425	426	1174	1047	1125
479	533	41	1562	1564	35	89	1514	1516	83	137	1466	1468	131	112	124	1559	44	1563	50	40	1549	46	1553	1477	1489	411	1191	1192	408	419	1183	1184	416	427	1175	1176	424	1068	1122
491	1065	1568	31	29	1574	1520	79	77	1526	1472	127	125	1478	1497	126	1569	30	1565	24	34	1579	28	1575	1475	104	1194	406	405	1197	1180	414	413	1189	1178	422	421	1181	536	1110
506	1062	43	1556	1554	49	91	1508	1506	97	139	1460	1458	145	1491	134	1591	12	1595	18	8	1581	14	1585	1467	110	428	1172	1171	431	436	1164	1163	439	444	1156	1155	447	539	1095
509	1059	1550	53	55	1544	1502	101	103	1496	1454	149	151	1448	120	1473	1587	62	1533	56	66	1547	60	1545	128	1481	1169	433	434	1166	1161	441	442	1158	1153	449	450	1150	542	1092
315	369	57	1546	1548	51	105	1498	1500	99	153	1450	1452	147	1471	108	1469	136	138	1461	1457	1453	142	146	1495	130	435	1167	1168	432	443	1159	1160	440	451	1151	1152	448	1032	1086
324	1029	1552	47	45	1558	1504	95	93	1510	1456	143	141	1462	1529	74	80	76	1519	1517	1511	88	86	1503	92	1531	1170	430	429	1173	1162	438	437	1165	1154	446	445	1157	572	1077
327	605	711	889	887	716	718	884	886	719	722	880	881	713	589	511	523	1066	1063	610	550	1057	928	631	976	1102	237	1358	1354	259	263	1346	1350	1328	267	1330	275	259	996	1074
1373	929	725	732	865	868	739	740	863	864	745	857	734	876	622	517	1126	457	1033	1021	1018	923	664	637	329	979	293	377	325	337	345	1246	1270	359	1250	1244	1262	1305	602	723
1119	617	878	743	893	905	906	698	687	913	912	690	858	723	1082	526	481	655	640	649	1158	1093	1132	616	1075	559	321	379	241	1356	1352	253	277	1322	1320	283	1222	1280	954	482
1071	978	726	746	902	700	701	899	910	692	693	907	855	877	1030	1081	967	652	332	1087	340	934	638	634	520	571	1286	1230	1344	261	265	1332	1316	287	289	1310	371	315	628	530
1023	752	728	859	702	900	901	699	694	905	909	691	742	873	1036	502	547	505	480	1135	1129	478	1096	1054	1039	565	1288	1236	269	1336	1340	257	291	1312	1314	255	365	313	849	578
1014	754	824	860	903	697	696	906	911	689	688	914	741	727	577	1045	1048	1108	417	490	496	1099	493	553	556	1027	1282	1238	1348	249	245	1360	1318	281	279	1324	363	319	847	587
987	562	875	747	703	897	896	706	679	921	920	682	854	726	1027	604	646	586	502	1105	1111	484	1015	955	997	574	327	369	295	1304	1302	301	311	1284	1278	329	1252	1274	759	614
981	843	729	748	894	705	709	891	918	684	685	915	853	872	601	988	670	1009	1125	477	466	1141	592	931	613	1000	343	375	1298	305	307	1292	1266	341	347	1248	1296	1258	758	620
969	845	733	851	710	892	893	707	686	916	917	683	750	868	1006	607	1060	943	1069	514	601	969	949	541	994	595	349	1234	309	1294	1296	303	353	1254	1260	335	367	1257	756	632
960	765	870	852	895	705	704	898	919	681	680	922	769	731	619	1093	985	960	961	952	463	503	569	1120	398	982	1268	1228	1300	299	297	1306	1272	323	317	1290	373	333	836	641
930	769	871	867	730	735	862	861	738	737	856	744	869	730	958	1072	475	1114	568	580	583	628	937	964	1084	643	1250	339	1276	1264	1256	355	331	1242	361	357	1224	351	832	665
933	827	888	712	714	885	883	717	715	882	878	721	720	890	499	1090	1078	535	538	991	1051	544	673	970	625	1012	1362	243	247	1342	1338	255	231	273	1334	271	1326	1364	774	668
951	775	162	153	160	1436	1429	1434	1427	1420	1425	189	182	187	467	1109	468	1115	474	1121	1124	483	1130	489	1136	495	250	236	246	1345	1331	1341	1327	1313	1323	304	290	300	526	650
1011	825	157	159	161	1431	1433	1435	1422	1424	1426	184	186	188	531	1100	525	1094	519	1088	1085	510	1079	504	1073	498	240	244	248	1335	1339	1343	1317	1321	1325	294	298	302	776	590
850	777	158	163	156	1432	1437	1430	1423	1428	1421	185	190	183	534	1037	540	1043	546	1049	1052	555	1058	561	1064	567	242	232	238	1337	1347	1333	1319	1329	1315	296	306	292	824	731
848	822	1409	1402	1407	207	200	205	216	209	214	1382	1375	1380	603	1028	597	1022	591	1016	1013	582	1007	576	1001	570	1291	1277	1287	340	326	336	358	344	354	1237	1223	1233	779	733
846	784	1404	1406	1408	202	204	206	211	213	215	1377	1379	1381	606	965	612	971	618	977	980	627	986	633	992	639	1281	1285	1289	330	334	338	348	352	356	1227	1231	1235	817	735
1596	816	1405	1410	1403	203	208	201	212	217	210	1378	1383	1376	675	936	669	930	663	944	941	654	935	648	929	642	1283	1293	1279	332	342	328	350	360	346	1229	1239	1225	785	5
1592	790	225	218	223	1391	1384	1389	1400	1393	1398	198	191	196	959	672	953	666	947	660	657	934	651	932	645	926	376	362	372	1255	1241	1251	1273	1259	1269	322	308	318	805	9
1570	808	220	222	224	1386	1388	1390	1395	1397	1399	193	195	197	962	609	968	615	974	621	624	983	630	989	636	995	366	370	374	1245	1249	1253	1263	1267	1271	312	316	320	795	231
1035	806	221	226	219	1387	1392	1385	1396	1401	1394	194	199	192	1031	600	1025	594	1019	588	585	1010	579	1004	573	998	368	378	364	1247	1257	1243	1265	1275	1261	314	324	310	793	566
963	804	1418	1411	1416	180	173	178	171	164	169	1445	1438	1443	1034	537	1040	543	1046	549	552	1055	558	1061	564	1067	1309	1295	1305	286	272	282	268	254	264	1363	1349	1359	797	638
818	802	1413	1415	1417	175	177	179	166	168	170	1440	1442	1444	1103	528	1097	522	1091	516	513	1082	507	1076	501	1070	1299	1303	1307	276	280	284	258	262	266	1353	1357	1361	799	783
812	801	1414	1419	1412	176	181	174	167	172	165	1441	1446	1439	1106	465	1112	471	1118	477	480	1127	486	1133	492	1139	1301	1311	1297	278	288	274	260	270	256	1355	1365	1351	800	739
803	1128	1369	1600	1467	1374	1053	1050	1050	1041	1038	840	838	830	773	2	458	762	760	456	455	450	470	485	512	548	537	575	608	626	764	768	629	767	766	772	787	794	1148	798
1144	1371	1137	1101	1098	1017	1005	1057	954	948	942	925	924	923	811	810	813	821	809	351	234	150	235	467	494	593	611	635	662	656	674	757	778	599	671	770	782	781	786	1594

Fig. 105.

12	5	2	7	4	14	1	8	10	13	6	3	11	9
7	13	10	8	9	5	2	3	11	12	1	14	4	6
8	9	11	3	6	4	10	14	13	7	2	5	12	1
3	6	4	14	1	12	5	11	9	8	10	13	7	2
10	1	12	5	2	7	13	4	6	3	11	9	8	14
11	3	7	13	10	8	9	12	1	14	4	6	2	5
4	14	1	9	11	3	6	7	2	5	12	8	10	13
9	11	3	6	13	10	8	1	14	4	7	2	5	12
13	10	8	12	5	2	7	6	3	11	9	1	14	4
5	2	6	4	14	1	12	9	8	10	13	7	3	11
14	8	9	11	3	6	4	13	7	2	5	12	1	10
2	7	13	10	8	9	11	5	12	1	14	4	6	3
1	12	5	2	7	13	14	10	4	6	3	11	9	8
6	4	14	1	12	11	3	2	5	9	8	10	13	7

Fig. 108.

1	195	3	193	5	191	190	7	188	10	186	12	184	14
42	156	40	158	38	160	36	35	163	33	165	31	167	155
43	153	45	151	47	149	49	50	146	52	144	54	142	156
28	170	26	172	24	174	22	21	177	19	179	17	181	169
71	125	73	123	75	121	77	78	118	80	116	82	114	126
70	128	68	130	66	132	64	63	135	61	137	59	139	127
98	97	101	95	103	93	105	106	90	108	88	110	100	85
99	111	87	109	89	107	91	92	104	94	102	96	86	112
140	58	138	60	136	62	134	133	65	131	67	129	69	57
113	83	115	81	117	79	119	120	76	122	74	124	72	84
182	16	180	18	178	20	176	175	23	173	25	171	27	15
141	55	143	53	145	51	147	148	48	150	46	152	44	56
168	30	166	32	164	34	161	162	37	159	39	157	41	29
183	2	194	4	192	6	8	189	9	187	11	185	113	196

Fig. 106.

11	89	13	87	86	15	84	18	82	20
40	62	38	64	36	35	67	33	69	61
91	9	93	7	95	96	4	98	2	10
30	72	28	74	26	25	77	23	79	71
60	59	43	57	45	46	54	48	42	51
41	49	53	47	55	56	44	58	52	50
80	22	78	24	76	75	27	73	29	21
1	99	3	97	5	6	94	8	92	100
70	32	68	34	65	66	37	63	39	31
81	12	88	14	16	85	17	83	19	90

Fig. 107.

1	34	32	5	33	6
30	9	26	29	10	7
18	16	23	20	21	13
19	22	17	14	15	24
12	27	11	8	28	25
31	3	2	35	4	36

Fig. 110.

30	155	31	158	37	161	33	164	162	34	165	40	168	41
13	1	185	4	191	7	192	187	8	188	11	194	14	184
100	112	96	109	90	106	94	89	105	93	102	87	99	97
153	141	45	144	51	147	47	52	148	48	151	54	154	44
170	182	26	179	20	176	24	19	175	23	172	17	169	27
69	57	129	60	135	63	131	136	64	132	67	138	70	128
72	126	124	81	118	78	122	117	77	121	74	115	71	83
125	84	82	123	76	120	80	75	119	79	116	73	113	114
139	127	59	130	65	133	61	66	134	62	137	68	140	58
16	28	180	25	174	22	178	173	21	177	18	171	15	181
55	43	143	46	149	49	145	150	50	146	53	152	56	142
86	98	110	95	104	92	108	103	91	107	88	101	85	111
195	183	3	186	9	189	5	10	190	6	193	12	196	2
156	42	166	39	160	36	159	38	35	163	32	157	29	167

Fig. 112.

3	193	188	187	189	195	14	1	2	190	10	9	186	12
26	25	177	173	22	16	182	169	27	21	178	174	18	171
40	158	34	159	163	167	42	29	156	35	164	37	165	31
54	46	51	150	148	162	141	56	153	147	145	48	53	45
68	137	135	136	63	58	140	57	69	64	61	132	130	129
82	123	79	122	119	114	84	71	125	78	117	76	116	73
87	88	90	108	92	97	99	112	86	91	103	107	109	110
101	102	104	89	105	111	85	98	100	106	94	93	95	96
115	81	121	80	77	72	126	113	83	120	75	118	74	124
138	67	62	66	133	139	70	127	128	134	131	65	60	59
143	144	149	52	49	44	43	154	55	50	47	146	151	152
157	32	160	33	36	41	155	168	30	161	38	163	39	166
180	179	23	19	176	170	15	28	181	175	24	20	172	17
185	4	6	5	8	13	183	196	184	7	192	191	11	194

Fig. 109.

8	91 100	5 6	97 94	2 9	9 92	94 97	6 5	100 91	3
68 33	40	66	34	69 62	62 69	37	65	31	68
13 88	81	15	87	12	19	84	16	90	13
58 43	50	56	44	59	52	47	55	41	58
23 78	71 21	25	77	22	29	74	26	80	28 73
78 23	21 71	75	27	72	79	24	76	30	73 28
48 53	60	46	54	49	42	57	45	51	48
83 18	11	85	17	82	89	14	86	20	83
38 63	70	36	64	39	32	67	35	61	38
98	1	95	7	92 99	99 2	4	96	10	93

Fig. 111.

39	276	41	287	40	280	37	278	43	282	281	54	279	51	272	50	283	52
16	6	311	17	310	10	307	8	318	313	11	324	9	321	2	320	13	309
93	103	230	92	231	99	234	101	128	223	98	217	100	220	107	221	96	232
250	260	77	251	76	244	73	242	79	84	245	90	243	87	236	86	247	75
183	193	140	182	141	189	144	191	138	133	188	127	190	130	197	131	186	142
34	24	293	35	292	28	289	26	295	300	29	306	27	303	30	302	31	291
111	121	212	110	213	117	216	119	210	205	116	199	118	202	125	203	114	214
70	60	257	71	256	64	253	62	259	264	65	270	63	267	56	266	67	255
147	175	176	146	177	153	180	155	174	169	152	163	154	166	161	167	150	160
178	157	158	164	159	171	162	173	156	151	170	145	172	148	179	149	168	165
268	258	59	269	58	262	55	260	61	66	263	72	261	69	254	68	265	57
201	211	122	200	123	207	126	209	120	115	206	109	208	112	215	113	204	124
304	294	23	305	22	298	19	296	25	30	299	36	297	33	290	32	301	21
129	139	194	128	195	135	198	137	192	187	134	181	136	184	143	185	132	196
88	78	239	89	238	82	235	80	241	246	83	252	81	249	74	248	85	237
219	229	104	218	105	225	108	227	102	97	224	91	226	94	233	95	222	106
322	312	5	323	4	316	1	314	7	12	317	18	315	15	308	14	319	3
273	49	284	38	285	45	288	47	277	48	44	271	46	274	53	275	42	286

Fig. 117.

1	61	62	54	38	12	30	2
19	8	6	55	60	59	7	46
45	24	43	26	39	40	23	20
34	15	48	13	18	51	50	31
37	49	17	47	52	14	16	28
29	41	25	44	21	22	42	36
32	58	56	10	5	9	57	33
63	4	3	11	27	53	35	64

Fig. 118.

37	38	39	40	72	98	99	100	101	102	103	41
48	19	20	53	27	119	120	121	122	123	21	97
49	28	62	35	109	87	88	59	77	63	117	96
92	29	64	4	2	139	144	143	3	81	116	53
93	113	79	16	131	18	127	128	15	66	32	52
94	114	78	9	134	7	12	137	136	67	31	51
95	115	75	135	11	133	138	8	10	70	30	50
54	34	71	129	17	132	13	14	130	74	111	91
55	84	69	142	140	6	1	5	141	81	61	90
60	65	82	110	36	58	57	86	68	83	80	85
89	124	125	112	118	26	25	24	23	22	126	56
104	107	106	105	73	47	46	45	44	43	42	108

Fig. 114.

4	2	31	36	35	3
16	23	18	19	20	15
9	26	7	12	29	28
27	11	25	30	8	10
21	17	24	13	14	22
34	32	6	1	5	33

Fig. 116.

52	51	53	85	86	87	88	89	90	66	69	54
61	10	142	141	143	5	140	2	138	3	1	84
83	31	107	108	39	35	36	106	111	112	40	62
63	95	43	101	49	99	100	42	98	48	50	82
81	125	132	128	12	16	15	19	17	127	134	64
65	30	28	27	116	120	119	29	118	117	21	80
78	115	122	121	22	26	25	123	24	23	124	67
77	20	13	14	126	129	130	133	131	18	11	68
75	41	97	47	96	46	45	103	44	102	104	70
73	114	33	34	113	110	109	32	37	38	105	72
71	144	8	4	9	139	6	136	7	137	135	74
91	94	92	60	59	58	57	56	55	79	76	93

Fig. 113.

10	98	97	99	5	96	2	94	3	1
31	63	64	39	35	36	62	67	68	40
51	43	57	49	55	56	42	54	48	50
81	88	84	12	16	15	19	17	83	90
30	28	27	72	76	75	29	74	73	21
71	78	77	22	26	25	79	24	23	80
20	13	14	82	85	86	89	87	18	11
41	53	47	52	46	45	59	44	58	60
70	33	34	69	66	65	32	37	38	61
100	8	4	9	95	6	92	7	93	91

Fig. 115

1	195	3	193	5	191	7	8	188	10	186	12 194	184	14
182	16	180	18	178	20	176	175	23	173	25	171	27	169 15
27	167 156	31	165 158	33 38	163 160	35 36	36 35	160 163	38 33	158 165	40	156 167	42 168
154	44	152	46	150	48	148	147	51	145	53	143	55	141 43
57	139	59	37	61	135	63	64	132	66	130	68	128	70 140
126	72	124	74	122	76	120	119	79	117	81	115	83	115 71
85 112	111	87 96	109	89	107	91	92	104	94	102	96 87	100 86	98 99
90 85	97	101	95	103	93	105	106	90	108	88	110	96 100	92 98
84	114	82	116	80	118	78	77	121	75	123	73	125	71 113
127	69	129	67	131	65	133	134	62	136	60	138	58	140 70
56	142	54	144	52	146	50	49	149	47	151	45	153	43 141
155	41	157	39	159	37	161	162	34	164	32	166	30	168 42
28	170	26	172	24	174	22	21	177	19	179	17	181	15 169
183	13	185	11	187	9	189	190	6	192	4	194 12	2	196

Fig. 119.

253	284	285	256	287	258	1	32	33	4	35	6	181	212	213	184	215	186
264	260	280	279	263	277	12	8	28	27	11	25	192	188	208	207	191	205
276	269	268	267	272	271	24	17	16	15	20	19	204	197	196	195	200	199
265	275	274	273	266	270	13	23	22	21	14	18	193	203	202	201	194	198
282	278	261	262	281	259	30	26	9	10	29	7	210	206	189	190	209	187
283	257	255	286	254	288	31	5	3	34	2	36	211	185	183	214	182	216
73	104	105	76	107	78	145	176	177	148	179	150	217	248	249	220	251	222
84	80	100	99	83	97	156	152	172	171	155	169	228	224	244	243	227	241
96	89	88	87	92	91	168	161	160	159	164	163	240	233	232	231	236	235
85	95	94	93	86	90	157	167	166	165	158	162	229	239	238	237	230	234
102	98	81	82	101	79	174	170	153	154	173	151	246	242	225	226	245	223
103	77	75	106	74	108	175	149	147	178	146	180	247	221	219	250	218	252
109	140	141	112	143	114	289	320	321	292	323	294	37	68	69	40	71	42
120	116	136	135	119	133	300	296	316	315	299	313	48	44	64	63	47	61
132	125	124	123	128	127	312	305	304	303	308	307	60	53	52	51	56	55
121	131	130	129	122	126	301	311	310	309	302	306	49	59	58	57	50	54
138	134	117	118	137	115	318	314	297	298	317	295	66	62	45	46	65	43
139	113	111	142	110	144	319	293	291	322	290	324	67	41	39	70	38	72

Fig. 120.

8	1	6	287	280	285	296	289	294	35	28	33	314	307	312	53	46	51
3	5	7	282	284	286	291	293	295	30	32	34	309	311	313	48	50	52
4	9	2	283	288	281	292	297	290	31	36	29	310	315	308	49	54	47
107	100	105	71	64	69	251	244	249	242	235	240	98	91	96	224	217	222
102	104	106	66	68	70	246	248	250	237	239	241	93	95	97	219	221	223
103	108	101	67	72	65	247	252	245	238	243	236	94	99	92	220	225	218
215	208	213	152	145	150	143	136	141	134	127	132	179	172	177	170	163	168
210	212	214	147	149	151	138	140	142	129	131	133	174	176	178	165	167	169
211	216	209	148	153	146	139	144	137	130	135	128	175	180	173	166	171	164
116	109	114	206	199	204	197	190	195	188	181	186	125	118	123	161	154	159
111	113	115	201	203	205	192	194	196	183	185	187	120	122	124	156	158	160
112	117	110	202	207	200	193	198	191	184	189	182	121	126	119	157	162	155
269	262	267	233	226	231	80	73	78	89	82	87	260	253	258	62	55	60
264	266	268	228	230	232	75	77	79	84	86	88	255	257	259	57	59	61
265	270	263	229	234	227	76	81	74	85	90	83	256	261	254	58	63	56
278	271	276	44	37	42	26	19	24	305	298	303	17	10	15	323	316	321
273	275	277	39	41	43	21	23	25	300	302	304	12	14	16	318	320	322
274	279	272	40	45	38	22	27	20	301	306	299	13	18	11	319	324	317

Fig. 121.

1	323	3	321	5	319	7	314	306	9	317	12	312	14	310	16	308	18
306	20	304	22	302	24	300	26	298	297	29	295	31	293	33	291	35	19
37	287	39	285	41	283	43	281	45	46	278	48	276	50	274	52	272	288
270	56	268	58	266	60	264	62	262	261	65	259	67	257	69	255	71	55
73	251	75	249	77	247	79	245	81	82	242	84	240	86	238	88	236	252
234	92	232	94	230	96	228	98	226	225	101	223	103	221	105	219	107	91
109	215	111	213	113	211	115	209	117	118	206	120	204	122	202	124	200	216
198	128	196	130	194	132	192	134	190	189	137	187	139	185	141	183	143	127
180	179	167	177	158	175	169	155	153	154	170	151	168	149	166	160	164	163
145	146	178	148	147	150	160	173	171	172	152	174	157	176	159	165	161	162
144	182	142	184	140	186	138	188	136	135	191	133	193	131	195	129	197	181
199	125	201	123	203	121	205	119	207	208	116	210	114	212	112	214	110	126
108	218	106	220	104	222	102	224	100	99	227	97	229	95	231	93	233	217
235	89	237	87	239	85	241	83	243	244	80	246	78	248	76	250	74	90
72	254	70	256	68	258	66	260	64	63	263	61	265	59	267	57	269	253
271	53	273	51	275	49	277	47	279	280	44	282	42	284	40	286	38	54
36	290	34	292	32	294	30	296	27	28	299	25	301	23	303	21	305	289
307	17	309	15	311	13	313	11	10	315	8	318	6	320	4	322	2	324

Fig. a.

+24 1	-21 46	+22 3	-19 44	-9 34	-20 45	+23 2
+18 7	-15 40	+16 9	-14 39	-10 35	-12 37	+17 8
-13 38	+7 18	28	21	26	-7 32	+13 12
+5 20	+8 17	23	25	27	-8 33	-5 30
+6 19	-11 36	24	29	22	+11 14	-6 31
-17 42	+12 13	-16 41	+14 11	+10 15	+15 10	-18 43
-23 48	+20 5	-22 47	+19 6	+9 16	+21 4	-24 49

Fig. b.

+40 1	+39 2	-36 77	-33 74	-32 73	-18 59	-35 76	+38 3	+37 4
+31 10	+28 13	-24 65	-27 68	-26 67	-16 57	-25 66	+29 12	+30 11
+22 19	+10 31	-17 58	-19 60	-15 56	-8 49	-14 55	+21 20	+20 21
-13 54	+9 32	+4 37	64	7	52	-4 45	-9 50	+13 28
+6 35	+7 34	+2 39	29	41	53	-2 43	-7 48	-6 47
+1 40	-5 46	-3 44	30	75	18	+3 38	+5 36	-1 42
-20 61	-21 62	+14 27	+19 22	+15 26	+8 33	+17 24	-10 51	-22 63
-30 71	-29 70	+25 16	+27 14	+26 15	+16 25	+24 17	+28 69	-31 72
-37 78	-38 79	+35 6	+33 8	+32 9	+18 23	+36 5	-39 80	-40 81

Fig. d.

-98 211	+110 3	+111 2	+112 1	+106 7	+107 6	+108 5	-91 204	-93 206	-94 207	-95 208	-96 209	-97 210	+109 4	-99 212
+105 8	+103 10	+83 29	+100 13	+101 12	-92 205	-82 195	-85 198	-86 199	-87 200	-88 291	-89 202	-90 203	+102 11	+104 9
+78 35	+77 36	+62 51	-54 167	+61 52	+60 53	-56 169	-55 168	-38 151	-40 153	+59 54	-57 170	+58 55	-77 190	-78 191
+79 34	+76 37	+51 62	-43 156	-44 157	+48 65	+49 64	+50 63	-34 147	-33 146	-45 158	-46 159	+47 66	-76 189	-79 192
+80 33	+75 38	+42 71	-29 142	-32 145	+37 76	+39 74	+41 72	-30 143	-28 141	-36 149	-35 148	+31 82	-75 188	-80 193
+81 32	+74 39	+27 86	+22 91	+17 96	+12 101	+11 102	-6 119	-7 120	-10 123	-17 130	-22 135	-27 140	-74 187	-81 194
+83 30	+73 40	+26 87	+21 92	+18 95	-5 118	116	109	114	+5 108	-18 131	-21 134	-26 139	-73 186	-83 195
-63 176	-72 185	-23 136	-16 129	-13 126	-8 121	111	113	115	+8 105	+13 100	+16 97	+23 90	+72 41	+63 50
-66 179	-71 184	-24 137	-19 132	-14 127	-9 122	112	117	110	+9 104	+14 99	-19 94	+24 89	+71 42	+66 47
-67 180	-65 178	-25 138	-20 133	-15 128	+10 103	-11 124	+6 107	+7 106	-12 125	+15 98	+20 93	+25 88	+65 48	+67 46
-68 181	-64 177	-31 144	+35 78	+36 77	-37 150	-39 152	-41 154	+30 83	+28 85	+32 81	+29 84	-42 155	+64 49	+68 45
-69 182	-52 165	-47 160	+46 67	+45 68	-48 161	-49 162	-50 163	+34 79	+33 80	+44 69	+43 70	-51 164	+52 61	+69 44
-70 183	-53 166	-58 171	+57 56	-59 172	-60 173	+56 57	-55 58	+38 75	+40 73	-61 174	+54 59	-62 175	+53 60	+70 43
-104 217	-102 215	-84 197	-100 213	-101 214	+92 21	+82 31	+85 28	+86 27	+87 26	+88 25	+89 24	+90 23	-103 216	-105 218
+99 14	-109 222	-111 224	-112 225	-106 219	-107 220	-108 221	+91 22	+93 20	+94 19	+95 18	+96 17	+97 16	-110 223	+98 15

Fig. e.

8	7	6	5	4	3	2	1	280	279	278	277	276	275	274	209	281
17	31	32	33	34	35	36	37	252	250	249	248	247	219	221	251	273
18	44	55	57	59	224	228	227	226	225	223	182	60	58	56	246	272
19	45	68	73	208	75	76	212	211	210	206	187	213	74	72	245	271
20	46	85	88	181	90	87	194	198	197	196	195	199	89	86	244	270
21	47	99	100	184	119	158	167	166	121	162	122	106	190	191	243	269
268	48	97	101	115	127	150	129	138	155	153	163	175	189	193	242	22
267	241	98	104	114	126	149	154	133	148	141	164	176	186	192	49	23
266	240	188	185	165	156	143	139	145	151	147	134	125	105	102	50	24
265	239	183	180	116	160	146	142	157	136	144	130	174	110	107	51	25
264	238	179	178	173	159	137	161	152	135	140	131	117	112	111	52	26
263	237	177	170	172	168	132	123	124	169	128	171	118	120	113	53	27
262	236	204	201	91	200	203	96	92	93	94	95	109	202	205	54	28
261	220	218	216	77	215	214	78	79	80	84	103	82	217	222	70	29
30	224	134	132	130	61	62	63	64	65	67	108	131	133	135	66	260
207	39	258	257	256	255	254	253	38	40	41	42	43	71	69	259	83
9	283	284	285	286	287	288	289	10	11	12	13	14	15	16	81	282

Fig. c.

+40 1	-28 69	+39 2	+38 3	-33 74	-31 72	-32 73	-30 71	+37 4
+34 7	-22 63	+36 5	+35 6	-25 66	-26 67	-27 68	-29 70	+24 17
+23 18	+17 24	+12 29	+11 30	-6 47	-7 48	-10 51	-17 58	-23 64
+21 20	+16 25	-5 46	44	37	42	+5 36	+16 57	-21 62
-18 59	-13 54	-8 49	39	41	43	+8 33	+13 28	+18 23
-19 60	-14 55	-9 50	40	45	38	+9 32	+14 27	+19 22
-20 61	-15 56	+10 31	-11 52	+6 35	+7 34	-12 53	+15 26	+20 21
-24 65	+29 12	-36 77	-35 76	+25 16	+26 15	+27 14	+22 19	-34 75
-37 78	+30 11	-39 80	-38 79	+33 8	+31 10	+32 9	+28 13	-40 81

Fig. f.

+31,5 1	-27,5 60	+29,5 3	+16,5 16	-25,5 58	-26,5 59	-28,5 61	+30,5 2
+24,5 8	-20,5 53	-22,5 55	-19,5 52	+18,5 14	+17,5 15	-21,5 54	+23,5 9
-15,5 48	-14,5 44	25	39	38	28	+11,5 21	+15,5 17
+14,5 18	+10,5 22	36	30	31	33	-10,5 43	+14,5 47
-13,5 46	-9,5 42	32	34	35	29	+9,5 23	+13,5 19
+12,5 20	+8,5 24	37	27	26	40	-8,5 41	-12,5 45
-23,5 56	+21,5 11	+22,5 10	+19,5 13	-18,5 51	-17,5 50	+20,5 12	-24,5 57
-30,5 63	+28,5 4	-29,5 62	-16,5 49	+25,5 7	+26,5 6	+27,5 5	-31,5 64

Planche 23.

Fig. 122.

	195	171	25	180	23	179	21	178	24	175	16	14	177	1
	3/15	28	31	32	164	163	162	161	160	159	48	47	27	194/182
	170/186	30	49	133	66	137	65	136	54	135	63	147	167	1/11
	13	39	146	129	77	118	74	121	71	72	130	51	158	184
	4	44	144	73	116	85	110	89	109	82	124	53	153	193
5	15/60	40/31	58	78	84	103	93	92	106	115	109	139	167	183/196
	185	156	56	128	86	95	100	101	95	111	69	181	61	12
	7	155	135	74	83	102	96	97	99	114	123	59	42	190
	157	134	57	117	107	91	105	106	94	90	80	160	43	10
	6	168	162	122	115	112	87	108	88	81	75	55	29	191
189	186/152	152/189	165	67	120	79	127	76	126	125	68	52	45	11/8
	188	46	50	64	131	60	152	61	143	62	134	148	151	9
	5	170	166	163	33	34	35	36	37	38	149	150	169	192
	196	26	172	17	174	18	176	19	173	22	181	183	20	2

Fig. 123.

30	18	13	5	54	50	49	41
26	27	1	4	62	56	45	40
31	2	6	57	55	12	63	34
32	58	48	19	21	42	7	33
43	51	23	44	46	17	14	22
39	37	53	10	8	59	28	26
36	20	64	61	3	9	38	29
24	47	52	60	11	15	16	35

Fig. 124.

11	35	34	19	59	57	49	45	60
36	17	1	5	79	61	58	66	46
30/55	2/27	6	8	70	52	69	80	26/2
25/56	73	67	75	4	44	15	9	27/26
24/63	64/39	68	10	41	72	14	18	21/64
50/54	62	51	38	78	7	31	20	32/28
45/50	53	13	74	12	30	76	29	39/32
42	16	81	77	3	21	24	65	40
22	47	48	63	23	25	33	37	71

Fig. 125.

2^3	2^2	2^7
2^8	2^4	2^0
2^1	2^6	2^5

Fig. 126.

8	4	128
256	16	1
2	64	32

Fig. 127.

2^{13}	2^1	2^{19}	2^5	2^{22}
2^{15}	2^7	2^{23}	2^{11}	2^4
2^{21}	2^{14}	2^0	2^{17}	2^8
2^2	2^{18}	2^6	2^{24}	2^{10}
2^9	2^{20}	2^{12}	2^3	2^{16}

Fig. 127 bis.

2^{19}	2^{20}	2^{17}	2^1	2^3
2^{18}	2^{15}	2^8	2^{13}	2^6
2^2	2^{10}	2^{12}	2^{14}	2^{22}
2^0	2^{11}	2^{16}	2^9	2^{24}
2^{21}	2^4	2^7	2^{23}	2^5

Fig. 128.

8192	2	524288	32	4194304
32768	128	8388608	2048	16
2097152	16384	1	131072	256
4	262144	64	16777216	1024
512	1048576	4096	8	65536

Fig. 129.

2^0	2^{14}	2^{13}	2^3
2^{11}	2^5	2^6	2^8
2^7	2^9	2^{10}	2^4
2^{12}	2^2	2^1	2^{15}

Fig. 130.

1	16384	8192	8
2048	32	64	256
128	512	1024	16
4096	4	2	32768

Fig. 131.

2520	1260	840
630	504	420
360	315	280

Fig. 132.

720720	144144	80080	55440
360360	120120	72072	51480
240240	102960	65520	48048
180180	90090	60060	45045

Fig. 133.

1/1	1/5	1/9	1/13
1/2	1/6	1/10	1/14
1/3	1/7	1/11	1/15
1/4	1/8	1/12	1/16

Fig. 134.

1	99	98	4	59	42	17	83	82	20
96	6	7	93	60	41	80	22	23	77
8	94	95	5	61	40	24	78	79	21
97	3	2	100	58	43	81	19	18	84
51	49	55	57	33	67	65	35	37	56
50	52	46	44	34	68	36	66	64	45
25	75	74	28	53	48	9	91	90	12
72	30	31	69	47	54	88	14	15	85
32	70	71	29	62	39	16	86	87	13
73	27	26	76	38	63	89	11	10	92

Fig. 135.

50	92	89	59	8	10	126	137	7	136	134	13
84	64	67	75	18	21	124	135	127	20	22	121
70	78	81	61	114	60	85	30	124	123	125	18
96	50	53	95	112	107	38	33	132	11	9	133
36	44	56	100	14	110	129	25	135	94	91	79
58	68	72	43	6	103	128	32	82	86	76	74
87	77	73	62	113	17	42	130	63	57	69	71
109	101	90	46	120	16	35	131	52	51	54	66
1	133	122	34	99	106	39	48	2	142	141	5
130	26	37	97	98	105	40	47	118	28	29	115
48	108	119	15	96	104	41	49	30	116	117	27
111	23	12	144	80	102	43	65	140	4	3	143

Fig. 136.

68	36	66	64	45	50	52	46	44	34
48	1	99	98	4	17	83	82	20	53
54	96	6	7	93	80	22	23	77	47
39	8	94	95	5	24	78	79	21	62
63	97	3	2	100	81	19	18	84	38
42	25	75	74	28	9	91	90	12	59
41	72	30	31	69	88	14	15	85	60
40	32	70	71	29	16	86	87	13	61
43	73	27	26	76	89	11	10	92	58
67	65	35	37	56	51	49	55	57	33

Fig. g.

+49,5 1	-48,5 99	-47,5 98	+45,5 5	+46,5 4	-43,5 94	-42,5 93	+37,5 13	-41,5 92	+44,5 6
-40,5 91	+31,5 19	-27,5 78	+29,5 21	+16,5 34	-25,5 76	-26,5 77	-28,5 79	+30,5 20	+40,5 10
+39,5 11	+24,5 26	-20,5 71	-24,5 75	-19,5 70	+18,5 32	+17,5 33	-21,5 72	+23,5 27	-39,5 90
+38,5 12	-15,5 66	-11,5 62	43	57	56	46	+11,5 39	+15,5 35	-38,5 89
-36,5 87	+14,5 36	+10,5 40	54	48	49	51	-10,5 61	-14,5 65	+36,5 14
-35,5 86	-13,5 64	-9,5 60	50	52	53	47	+9,5 41	+13,5 37	+35,5 15
-34,5 85	+12,5 38	+8,5 42	55	45	44	58	-8,5 59	-12,5 63	+34,5 16
+33,5 17	-23,5 74	+21,5 29	+22,5 28	+19,5 31	-18,5 69	-17,5 68	+20,5 30	-24,5 75	-33,5 84
+32,5 18	-30,5 81	+28,5 22	-29,5 80	-16,5 67	+25,5 25	+26,5 24	+27,5 23	-31,5 82	-32,5 83
-46,5 97	+48,5 2	+47,5 3	-45,5 96	-44,5 95	+43,5 7	+42,5 8	-37,5 88	+41,5 9	-49,5 100

Fig. h.

-88,5 187	+87,5 11	-93,5 192	-91,5 190	+85,5 13	+95,5 3	-83,5 182	+97,5 1	+96,5 2	+84,5 14	-92,5 191	-94,5 193	+86,5 12	-89,5 188
+82,5 16	-78,5 177	-76,5 175	-74,5 173	+64,5 34	+90,5 8	+80,5 18	-73,5 172	+72,5 26	+63,5 35	-75,5 174	-77,5 176	-26,5 125	+81,5 17
+71,5 27	+68,5 30	-65,5 164	-61,5 160	-58,5 157	+69,5 29	-60,5 159	+44,5 54	+42,5 56	-59,5 158	-62,5 161	-66,5 165	+67,5 31	+70,5 28
+57,5 41	+55,5 43	-51,5 150	-49,5 148	-46,5 145	+53,5 45	-48,5 147	+35,5 63	+33,5 65	-47,5 146	-50,5 149	-52,5 151	+34,5 64	+56,5 42
+41,5 57	+45,5 53	-37,5 136	-34,5 133	-30,5 129	+39,5 59	-32,5 131	+20,5 78	+18,5 80	-31,5 130	-36,5 135	-38,5 137	+43,5 55	+40,5 58
-29,5 128	-26,5 125	-22,5 121	-16,5 115	-12,5 111	91	105	104	94	+12,5 86	+16,5 82	+22,5 76	+26,5 72	+29,5 69
-28,5 127	-24,5 123	-17,5 116	-14,5 113	-10,5 109	102	96	97	99	+10,5 88	+14,5 84	+17,5 81	+24,5 74	+28,5 70
+27,5 71	+23,5 75	+19,5 79	+13,5 85	+9,5 89	98	100	101	95	-9,5 108	-13,5 112	-19,5 118	-23,5 122	-27,5 126
+25,5 73	+21,5 77	+15,5 83	+11,5 87	+8,5 90	103	93	92	106	-8,5 107	-11,5 110	-15,5 114	-21,5 120	-25,5 124
-40,5 139	-43,5 142	+38,5 60	+36,5 62	+31,5 67	-39,5 138	+32,5 66	-20,5 119	-18,5 117	+30,5 68	+34,5 64	+37,5 61	-45,5 144	-41,5 140
-56,5 155	-54,5 153	+52,5 46	+50,5 48	+47,5 51	-53,5 152	+48,5 50	-35,5 134	-33,5 132	+46,5 52	+49,5 49	+51,5 47	-55,5 154	-57,5 156
-70,5 169	-67,5 166	+66,5 32	+62,5 36	+59,5 39	-69,5 168	+60,5 38	-44,5 143	-42,5 141	+58,5 40	+61,5 37	+63,5 35	-68,5 167	-71,5 170
-81,5 180	+79,5 19	+77,5 21	+75,5 23	-63,5 162	-90,5 189	-80,5 179	+73,5 25	-72,5 171	-64,5 163	+74,5 24	+76,5 22	+78,5 20	-82,5 181
+89,5 9	-86,5 185	+94,5 4	+92,5 6	-84,5 183	-99,5 198	+83,5 15	-97,5 196	-96,5 195	-85,5 184	+91,5 7	+93,5 5	-87,5 186	+88,5 10

Fig. i.

14	110	36	44	55	100	93	94	91	79	129	25
6	103	38	68	72	83	82	88	76	74	128	32
8	19									126	137
10	21									124	135
114	60									85	31
112	107									38	33
99	106									39	46
98	105									40	47
96	104									41	49
80	102									43	65
113	17	87	77	73	62	63	57	69	71	42	139
120	16	109	101	90	45	52	51	54	66	35	131

Fig. k.

43	38	153	57	81	69	87	128	140	110	116	152	159	46
33	161	34	56	80	68	86	129	141	111	117	41	162	160
150	49	48	66	90	78	95	119	131	102	107	69	155	147
52	51	50									144	142	143
96	92	97									104	99	103
75	74	83									121	118	120
63	62	71									133	130	132
145	146	138									53	55	54
134	135	126									64	67	65
101	105	100									93	98	94
122	123	114									76	79	77
59	157	148	139	116	127	109	70	58	88	82	149	40	47
164	35	163	136	112	124	106	73	61	91	85	156	36	37
151	158	45	137	113	125	108	72	60	89	84	44	39	154

Fig. l.

101	129	40	43	47	46	37	124	123	127	130	65	93
125	53	42	44	48	50	61	120	122	126	128	89	97
74	78					94					91	88
35	84					103					104	99
83	36					90					106	110
38	39					111					118	119
49	57	100	108	95	102	85	68	75	62	70	113	121
132	131					59					52	51
87	134					80					64	60
135	86					67					66	71
96	92					76					79	82
73	81	107	114	98	112	109	58	72	56	63	117	45
77	105	136	116	137	115	133	55	33	54	34	41	69

Fig. m.

76	2	3	19	51	53	79	5	81
69	65	16	20	56	47	15	68	13
12	74	73	27	52	44	72	8	7
21	22	23	49	32	42	61	60	59
57	58	54	34	41	48	25	24	28
45	43	46	40	50	33	37	39	36
70	11	10	63	31	29	9	71	75
18	14	66	62	26	35	67	17	64
1	80	78	55	30	38	4	77	6

Planche 21.

Fig. 137.

3	314	316	9	320	13	2	31	68	257	294	323	32	277	281	44	289	52
28	20	301	303	26	297	4	34	66	259	291	321	75	59	258	262	71	250
292	290	39	37	35	282	6	38	65	260	287	319	247	243	90	86	82	227
33	41	285	286	284	43	14	42	64	261	283	311	78	94	239	235	231	98
307	299	24	22	305	18	135	46	62	263	279	190	270	254	67	63	266	55
312	11	7	318	5	322	310	163	171	154	162	15	273	48	40	285	36	293
99	228	229	230	232	233	1	30	70	73	50	23	234	236	237	238	240	242
146	137	132	128	124	122	296	45	201	256	60	313	120	113	106	192	195	199
160	159	158	156	148	143	10	53	248	264	67	317	164	173	175	180	184	186
165	166	167	169	177	182	8	278	61	77	272	315	161	152	150	145	141	139
179	185	193	197	201	203	12	265	69	84	280	29	205	212	219	133	130	126
226	97	96	95	93	92	302	275	252	255	295	324	91	89	88	87	86	83
100	221	222	103	224	105	309	276	253	72	49	16	121	196	198	127	202	131
112	108	215	216	111	213	308	274	251	74	51	17	144	136	185	187	142	181
211	210	117	116	115	206	306	271	249	76	54	19	178	176	153	151	149	168
114	118	209	208	207	119	304	269	246	79	56	21	147	155	174	172	170	157
218	214	110	109	217	107	300	268	245	80	57	25	191	183	140	138	189	134
220	104	102	223	101	225	298	267	244	81	58	27	194	129	125	200	123	204

Fig. 138.

481	1	2	9	480	482	403	382	361	340	165	320	145	124	103	82	463	19	20	27	462	464
6	11	473	472	14	479	402	381	360	339	319	166	146	125	104	83	24	29	455	454	32	461
10	470	16	17	467	475	401	380	359	338	318	167	147	126	105	84	28	452	34	35	449	457
477	18	468	469	15	8	400	379	358	337	317	168	148	127	106	85	459	36	450	451	33	26
478	471	13	12	474	7	399	378	357	336	316	169	149	128	107	86	460	453	31	30	456	25
3	484	483	476	5	4	398	377	356	335	315	170	150	129	108	87	21	466	465	458	23	22
178	179	180	181	188	206	73	94	115	136	157	327	348	369	390	411	303	302	301	300	299	298
189	190	191	193	200	221	75	96	117	138	159	325	346	367	388	409	291	290	289	288	287	286
201	202	203	204	212	233	77	98	119	140	161	323	344	365	386	407	280	278	277	276	275	274
215	216	217	218	236	238	79	106	121	142	163	321	342	363	384	405	266	265	263	262	260	259
229	230	240	241	242	258	81	102	123	144	224	271	329	350	371	392	257	254	253	250	248	246
256	255	245	244	243	227	93	114	135	156	214	261	341	362	383	404	228	231	232	235	237	239
270	269	268	267	249	247	80	101	122	143	164	322	343	364	385	406	219	220	222	223	225	226
284	283	282	281	273	252	78	99	120	141	162	324	345	366	387	408	205	207	208	209	210	211
296	295	294	292	285	264	76	97	118	139	160	326	347	368	389	410	194	195	196	197	198	199
307	306	305	304	297	279	74	95	116	137	158	328	349	370	391	412	182	183	184	185	186	187
445	37	38	45	444	446	397	376	355	334	313	172	151	130	109	88	427	55	56	63	426	428
42	47	437	436	50	443	396	375	354	333	312	173	152	131	110	89	60	65	419	[illegible]	[illegible]	25
46	434	52	53	431	439	395	374	353	332	311	174	153	132	111	90	64	416	70	[illegible]	[illegible]	[illegible]
441	54	432	433	51	44	394	373	352	331	310	175	154	133	112	91	423	72	414	415	69	62
442	435	49	48	438	43	393	372	351	330	309	176	155	134	113	92	424	417	67	66	420	61
39	448	447	440	41	40	171	192	213	234	308	177	251	272	293	314	57	430	429	422	59	58

Fig. 140.

1	120	119	4	57	62	64	9	112	111	12
117	6	7	114	65	60	58	109	14	15	106
8	113	116	5	38	79	66	16	107	108	13
118	3	2	121	88	51	44	110	11	10	118
33	87	81	42	82	53	68	36	80	86	41
72	50	53	74	47	61	75	70	48	52	69
76	46	49	67	54	89	40	77	55	65	73
25	96	95	28	34	71	78	17	104	103	20
93	30	31	90	84	43	56	101	22	23	98
32	91	92	29	37	63	83	24	[illegible]	100	21
94	27	26	97	85	59	39	102	[illegible]	18	105

Fig. 149.

7	54	55	42	23	10	57	12
6	2	62	43	22	61	5	59
18	51	50	20	45	49	14	13
26	29	32	19	44	37	38	35
39	36	33	21	46	28	27	30
47	17	16	40	25	15	48	52
64	60	3	41	24	4	63	1
53	11	9	34	31	56	8	58

Fig. 150.

1	63	50	16	49	15	62	4
60	6	51	43	22	14	7	57
25	26	9	18	48	54	38	42
29	30	10	46	34	41	33	37
36	35	24	31	19	55	32	28
40	39	11	17	47	56	27	23
8	58	53	44	21	12	59	5
61	3	52	45	20	13	2	64

Fig. 151.

9	25	26	18	48	38	42	54
50	1	63	16	49	62	4	15
51	60	6	43	22	7	57	14
10	29	30	46	34	33	37	41
24	36	35	31	19	32	28	55
53	8	58	44	21	59	5	12
52	61	3	45	20	2	64	13
11	40	39	17	47	27	23	56

Fig. 139.

1	195	194	4	51	52	59	144	143	142	17	179	178	20
192	6	7	189	92	96	97	104	103	99	176	22	23	173
8	190	191	5	74	75	83	121	120	115	24	174	175	21
193	3	2	196	62	63	71	133	132	130	177	19	18	180
56	80	68	86	161	33	34	41	160	162	129	141	111	117
57	81	69	87	38	43	153	152	46	159	128	140	110	116
66	90	78	95	42	150	45	49	147	155	119	131	102	107
139	115	127	109	157	50	148	149	47	40	70	58	88	82
137	113	125	108	158	151	45	44	154	39	72	60	89	84
136	112	124	106	35	164	163	156	37	36	73	61	91	85
25	171	170	28	146	165	138	53	54	55	9	187	186	12
168	30	31	165	135	134	126	64	65	67	184	14	15	181
32	166	167	29	145	101	100	93	94	98	16	182	183	13
169	27	26	172	123	122	114	76	77	79	185	11	10	188

Fig. 144.

82	35	87	81	42	33	36	80	86	41	68
57					62					64
65					60					58
38					79					66
88					51					44
47	72	50	53	74	61	70	48	52	69	75
34					71					78
84					43					56
37					63					83
85					59					39
54	76	46	49	67	89	77	55	[illegible]	73	40

Fig. 142.

1	168	167	4	74	78	94	91	88	9	160	159	12
165	6	7	162	35	84	103	104	99	157	14	15	154
8	163	164	5	83	36	90	106	110	16	155	156	13
166	3	2	169	38	39	111	118	119	158	11	10	161
40	43	47	46	101	129	37	63	93	124	123	127	130
42	44	48	50	125	53	61	89	97	120	122	126	128
100	108	95	102	49	57	85	113	121	68	75	62	70
107	114	98	112	73	81	109	117	65	58	72	56	63
136	116	137	115	77	105	133	41	69	55	33	54	34
17	152	151	20	132	131	59	52	51	25	144	143	28
149	22	23	146	87	134	80	64	60	141	30	31	138
24	147	148	21	135	86	67	66	71	32	139	140	29
150	19	18	153	96	92	76	79	82	142	27	26	145

Fig. 141.

55	167	168	58	170	60	104	119	116	19	203	204	22	206	24
72	158	70	69	153	154	106	118	115	36	194	34	33	191	190
165	62	64	63	164	160	84	141	114	201	26	28	27	200	196
61	161	163	162	65	66	82	140	117	25	197	199	198	29	30
159	71	156	157	68	67	81	137	121	195	35	192	193	32	31
166	59	57	169	56	171	80	129	134	202	23	21	205	20	207
79	74	75	76	77	78	143	73	123	148	149	150	151	152	147
136	138	139	131	128	135	93	113	133	91	98	95	87	88	90
124	127	125	132	134	126	103	153	83	100	92	94	121	119	122
1	221	222	4	224	6	146	97	96	37	185	186	40	188	42
18	212	16	15	209	208	145	89	105	54	176	52	51	173	172
219	8	10	9	218	214	144	86	109	183	44	46	45	182	178
7	215	217	216	11	12	142	85	112	43	179	181	180	47	48
213	17	210	211	14	13	120	108	111	177	53	174	175	50	49
220	5	3	223	2	225	122	107	110	184	41	39	187	38	189

Fig. 145.

43	38	57	81	69	87	153	152	128	140	110	116	159	46
33	161	56	80	68	86	34	41	129	141	111	117	162	160
52	51					59	144					142	143
96	92					97	104					99	103
75	74					83	121					118	120
63	62					71	133					130	132
150	42	66	90	78	95	48	49	119	131	102	107	155	167
50	157	139	115	127	109	148	149	70	58	88	82	40	47
145	146					138	53					55	54
134	135					126	64					67	65
101	105					100	93					98	94
122	123					114	76					79	77
164	35	136	112	124	146	163	156	73	61	91	85	36	37
151	158	137	113	125	108	45	44	72	60	89	84	39	154

Fig. 147.

1	48	16	32	27	47	4
45	6	10	39	26	7	42
12	14	37	9	29	36	38
35	30	17	25	33	20	15
28	31	21	41	13	19	22
8	43	34	18	23	44	5
46	3	40	11	24	2	49

Fig. 148.

37	12	14	9	36	38	29
16	1	48	32	47	4	27
10	45	6	39	7	42	26
17	35	30	25	20	15	33
34	8	43	18	44	5	23
40	46	3	11	2	49	24
21	28	31	41	19	22	13

Fig. 143.

1	624	3	622	621	6	619	8	136	135	134	310	496	497	419	366	324	33	592	35	590	589	38	587	40
617	10	615	12	13	612	15	610	490	491	492	316	130	129	207	260	302	585	42	583	44	45	580	47	578
17	608	19	606	605	22	603	24	139	138	137	304	494	495	395	396	319	49	576	51	574	573	54	571	56
601	26	599	28	29	596	31	594	487	488	489	322	132	131	231	230	307	569	58	567	60	61	564	63	562
32	595	30	597	598	27	600	25	142	141	140	305	493	481	398	399	320	64	563	62	565	566	59	568	57
602	23	604	21	20	607	18	609	484	485	486	323	133	145	228	227	306	570	55	572	53	52	575	50	577
16	611	14	613	614	11	616	9	151	144	143	312	479	480	403	390	315	48	579	46	581	582	43	584	41
618	7	620	5	4	623	2	625	475	482	483	314	147	146	223	236	311	586	39	588	37	36	591	34	593
130	446	184	442	187	439	190	436	337	381	425	469	153	197	241	285	329	192	200	204	206	434	426	422	420
179	447	183	443	186	440	188	438	377	421	465	185	193	237	281	325	333	191	196	203	198	435	430	423	427
178	448	182	444	292	334	290	336	417	461	181	189	233	277	321	363	373	287	195	202	199	339	431	424	428
295	331	294	332	291	335	288	338	437	177	221	229	273	317	361	369	413	286	194	284	289	340	432	342	343
455	171	416	210	400	226	411	215	173	217	225	269	313	357	401	489	453	386	415	406	404	240	211	220	222
456	170	418	208	391	235	367	259	213	257	265	309	353	397	405	449	169	388	412	407	384	238	214	219	242
375	251	392	234	362	264	364	262	253	261	305	349	393	437	445	165	209	376	410	368	383	250	216	258	243
367	279	354	232	358	268	360	266	293	301	345	389	433	441	161	205	249	365	408	371	[illegible]	270	218	255	244
352	274	356	272	350	276	359	267	297	341	385	429	473	157	201	245	289	355	387	372	378	271	239	254	248
65	560	67	558	557	70	555	72	155	154	152	300	477	478	402	351	348	97	528	99	526	325	102	523	104
553	74	551	76	77	548	79	546	471	472	474	326	169	168	224	275	278	521	106	518	108	109	516	111	514
81	544	83	542	541	86	539	88	159	158	156	299	476	463	414	374	318	113	512	115	510	509	118	507	120
537	90	535	92	93	532	95	530	467	468	470	327	150	163	212	252	308	508	122	503	124	125	500	127	498
96	531	94	533	534	91	536	89	172	162	160	298	460	462	379	380	344	128	499	126	[illegible]	502	123	504	121
538	87	540	85	84	543	82	545	454	464	466	328	166	164	287	246	282	506	119	505	117	116	511	114	513
80	547	78	549	550	75	552	73	176	175	174	296	458	459	363	370	366	112	515	110	517	518	107	520	105
554	71	556	69	68	559	66	561	450	451	452	330	165	167	263	256	280	522	103	524	101	100	527	98	529

Fig. 146.

1	35	9	28	34	4
32	6	10	27	7	29
14	22	24	19	21	18
23	15	25	13	16	19
8	30	26	11	31	5
33	3	17	20	2	36

Fig. 152.

1	78	2	36	70	55	42	75	10
69	16	80	46	12	27	40	19	60
6	76	53	74	5	26	47	9	73
30	52	71	17	23	44	50	34	48
67	15	14	20	41	62	68	58	24
57	25	32	38	59	65	11	61	21
45	37	35	56	77	8	29	43	39
22	63	3	33	51	64	54	66	13
72	7	79	49	31	18	28	4	81

Fig. 153.

53	6	76	74	5	26	9	73	47
2	1	78	36	70	55	75	10	42
80	69	16	46	12	27	19	60	40
71	30	52	17	23	44	34	48	50
14	67	15	20	41	62	58	24	68
32	57	25	38	59	65	61	21	11
3	22	63	33	51	64	66	13	54
79	72	7	49	31	18	4	81	28
35	45	37	56	77	8	43	39	29

Fig. 154.

17	71	30	52	23	34	48	50	44
74	53	6	76	5	9	73	47	26
36	2	1	78	70	75	10	42	55
46	80	69	16	12	19	60	40	27
20	14	67	15	41	58	24	68	62
33	3	22	63	51	66	13	54	64
49	79	72	7	31	4	81	28	18
56	35	45	37	77	43	39	29	8
38	32	57	25	59	61	21	11	65

Fig. 155.

1	195	3	193	33	34	160	161	162	41	192	6	190	8
188	10	186	12	164	163	37	36	35	156	13	183	15	181
17	179	19	177	38	39	154	155	157	48	176	22	174	24
172	26	170	28	159	158	43	42	40	149	29	167	31	165
56	62	68	75	93	103	101	96	100	98	141	135	129	122
57	63	69	76	116	115	84	83	112	81	140	134	128	121
136	130	124	80	110	88	90	89	109	105	61	67	73	117
138	131	126	118	87	106	108	107	91	92	59	66	71	79
139	133	127	119	86	85	113	114	82	111	58	64	70	78
65	72	77	123	99	94	95	102	97	104	132	125	120	74
32	166	30	168	44	45	148	150	151	53	169	27	171	25
173	23	175	21	153	152	49	47	46	144	20	178	18	180
16	182	14	184	50	51	142	143	145	60	185	11	187	9
189	7	191	5	147	146	55	54	52	137	4	194	2	196

Fig. 157.

115	116	57	63	69	76	84	83	140	134	128	121	81	112
103	93	56	62	68	75	101	96	141	135	129	122	98	100
34	33					160	161					41	162
163	164					37	36					156	35
39	38					154	155					48	157
158	159					43	42					149	40
88	110	136	130	124	80	90	89	61	67	73	117	105	109
106	87	138	131	126	118	108	107	59	66	71	79	92	91
45	44					148	150					53	151
152	153					49	47					144	46
51	50					142	143					60	145
146	147					55	54					137	52
94	99	65	72	77	123	95	102	132	125	120	74	104	97
85	86	139	133	127	119	113	114	58	64	70	78	111	82

Fig. 159.

1	120	10	11	28	101	102	87	88	119	4
117	6	9	12	30	103	98	86	89	7	114
13	16	66	75	84	37	46	55	64	109	106
14	17	74	83	43	45	54	63	65	108	105
15	18	82	42	44	53	62	71	73	107	104
90	91	41	50	52	61	70	72	81	32	31
96	93	49	51	60	69	78	80	40	26	29
99	95	57	59	68	77	79	39	48	23	27
100	97	58	67	76	85	38	47	56	22	25
8	115	112	111	84	21	20	35	34	116	5
118	3	113	110	82	19	24	36	33	2	121

Fig. 156.

93	56	62	68	75	103	101	96	100	141	135	129	122	98
33					34	160	161	162					41
164					163	37	36	35					156
38					39	154	155	157					48
159					158	43	42	40					149
116	57	63	69	76	115	84	83	112	140	134	128	121	81
110	136	130	124	80	88	90	89	109	61	67	73	117	105
87	138	131	126	118	106	108	107	91	59	66	71	79	92
86	139	133	127	119	85	113	114	82	58	64	70	78	111
44					45	148	150	151					53
153					152	49	47	46					144
50					51	142	143	145					60
147					146	55	54	52					137
99	65	72	77	123	94	95	102	97	132	125	120	74	104

Fig. 158.

90	88	110	136	130	124	80	61	67	73	117	105	109	89
84	115	116	57	63	69	76	140	134	128	121	81	112	83
101	103	93	56	62	68	75	141	135	129	122	98	100	96
160	34	33									41	162	161
37	163	164									156	35	36
154	39	38									48	157	155
43	158	159									149	40	42
148	45	44									53	151	150
49	152	153									144	46	47
142	51	50									60	145	143
55	146	147									137	52	54
95	94	99	65	72	77	123	132	125	120	74	104	97	102
113	85	86	139	133	127	119	58	64	70	78	111	82	114
108	106	87	138	131	126	118	59	66	71	79	92	91	107

Fig. 160.

44	42	82	15	18	53	107	104	73	71	62
43	83	74	14	17	45	108	105	65	63	54
84	75	66	13	16	37	109	106	64	55	46
28	11	10			101			88	87	102
30	12	9			103			89	86	98
52	50	41	90	91	61	32	31	81	72	70
84	111	112			21			34	35	20
82	110	113			19			33	36	24
76	67	58	100	97	85	22	25	56	47	38
68	59	57	99	95	77	23	27	48	39	79
60	51	49	96	93	69	26	29	40	80	78

Fig. 163.

93	103	101	56	62	68	75	141	135	129	122	96	100	98
116	115	84	57	63	69	76	140	134	128	121	83	112	81
110	88	90	136	130	124	80	61	67	73	117	89	109	105
33	34	160									161	162	41
164	163	37									36	35	156
38	39	154									155	157	48
159	158	43									42	40	149
44	45	148									150	151	53
153	152	49									47	46	144
50	51	142									143	145	60
147	146	55									54	52	137
87	106	108	138	131	126	118	59	66	71	79	107	91	92
86	85	113	139	133	127	119	58	64	70	78	114	82	111
99	94	95	65	72	77	123	132	125	120	74	102	97	104

Fig. 161.

67	77	75	19	126	24	121	30	115	70	74	72
90	89	58	20	125	25	120	31	114	57	86	55
84	62	64	122	23	117	28	110	35	63	83	79
36	37	104	13	131	129	16	128	18	105	107	46
109	108	41	144	143	4	3	140	1	40	38	99
42	43	98	138	8	10	9	137	133	100	101	51
103	102	47	7	134	136	135	11	12	45	44	94
49	50	54	6	5	141	142	2	139	92	93	97
96	95	91	127	14	15	130	17	132	53	52	48
61	81	82	123	22	116	29	112	33	81	65	66
60	59	87	124	21	119	26	113	32	88	56	85
73	68	69	27	118	34	111	39	106	76	71	78

Fig. 162.

13	131	129	36	37	104	105	107	46	16	128	18
144	143	4	109	108	41	40	38	99	3	140	1
138	8	10	42	43	98	100	101	51	9	137	133
19	126	24	67	77	75	70	74	72	121	30	115
20	125	25	90	89	58	57	86	55	120	31	114
122	23	117	84	62	64	63	83	79	28	110	35
123	22	116	61	80	82	81	65	66	29	112	33
124	21	119	60	59	87	88	56	85	26	113	32
27	118	34	73	68	69	76	71	78	111	39	106
7	134	136	103	102	47	45	44	94	135	11	12
6	5	141	49	50	54	92	93	97	142	2	139
127	14	15	96	95	91	53	52	48	130	17	132

Fig. 169.

157	171	170	160	86	3	17	16	6	111	113	127	126	116
168	162	163	165	46	14	8	9	11	151	124	118	119	121
164	166	167	161	85	10	12	13	7	112	120	122	123	117
169	159	158	172	129	15	5	4	18	68	125	115	114	128
19	20	1	2	21	173	174	175	109	131	155	132	133	134
47	61	60	50	130	91	105	104	94	67	135	149	148	138
58	52	53	55	107	102	96	97	99	90	146	140	141	143
54	56	57	51	110	98	100	101	95	87	142	144	145	139
59	49	48	62	108	103	93	92	106	89	147	137	136	150
178	177	196	195	66	24	23	22	88	176	42	65	64	63
69	83	82	72	152	179	193	192	182	45	25	39	38	28
80	74	75	77	153	190	184	185	187	44	36	30	31	33
76	78	79	73	154	186	188	189	183	43	32	34	35	29
81	71	70	84	156	191	181	180	194	41	37	27	26	40

Fig. 170.

109	116	111	26	37	52	45	50	133	144	93	92	97
114	112	110	30	38	47	49	51	132	140	98	94	90
113	108	115	23	42	48	53	46	128	147	91	96	95
2	3	4	6	1	151	163	155	5	152	153	154	156
8	9	10	141	11	157	148	149	142	12	150	143	25
68	69	64	24	126	88	81	86	44	146	104	99	106
63	67	71	129	127	83	85	87	43	41	105	103	101
70	65	66	136	130	84	89	82	40	34	100	107	102
162	161	160	158	28	13	22	21	159	29	20	27	145
168	167	166	18	165	19	7	15	169	164	17	16	14
79	72	77	137	131	124	117	122	39	33	61	54	59
74	76	78	138	134	119	121	123	36	32	56	58	60
75	80	73	139	135	120	125	118	35	31	57	62	55

Fig. 171.

11	141	8	9	10	157	148	149	150	143	25	12	142
1	6	2	3	4	151	163	155	153	154	156	152	5
37	26										144	133
38	30										140	131
42	23										147	128
126	24										146	44
127	129										41	43
130	136										34	40
131	137										33	39
134	138										32	36
135	139										31	35
165	18	168	167	166	19	7	15	17	16	14	164	169
28	158	162	151	160	13	22	21	20	27	145	29	159

Fig. n.

3	1	2	46	45	34	44
7	30	11	12	35	37	43
42	33	28	21	26	17	8
41	31	23	25	27	19	9
40	18	24	29	22	32	10
36	13	39	38	15	20	14
6	49	48	4	5	16	47

Fig. o.

28	42	33	21	17	8	26
2	3	1	46	34	44	45
11	7	30	12	37	43	35
23	41	31	25	19	9	27
39	36	13	38	20	14	15
48	6	49	4	16	47	5
24	40	18	29	32	10	22

Fig. r.

a	c	d				e	f	b
g	h	i				l	k	g'
q	r	s				p	r'	q'
n	o	p'				s'	o'	n'
m	k'	i'				l'	h'	m'
b'	c'	d'				e'	f'	a'

Fig. s.

44	+30	+19	-3	37	+5	-19	-30	42
-36	+40	+38	+37	-35	-33	-16	+39	-34
-22	+32	+26	+24	-23	-9	+25	-32	-21
+13	+31	+20	+18	-17	-6	-20	-31	-8
39	-29	-14	-7	41	+7	+14	+29	43
-13	-27	-15	+6	+17	-18	+15	+27	+8
+22	-10	-25	-24	+23	+9	-26	+10	+21
+36	-39	-38	-37	+35	+33	+16	-40	+34
40	-28	-11	-12	45	+12	+11	+28	38

Fig. p.

6	1	2	3	4	5	163	156	155	154	153	151	152
23	8	36	9	10	11	142	143	145	150	133	148	147
24	13										157	146
26	43										127	144
30	44										126	140
158	149										21	12
141	128										42	29
139	130										40	31
138	131										39	32
137	132										38	33
136	135										35	34
129	22	134	161	160	159	28	27	25	20	37	162	41
18	169	168	167	166	165	7	14	15	16	17	19	164

Fig. q.

			24	13				157	146			
			26	43				127	144			
			30	44				126	140			
2	3	4	6	1	5	163	156	151	152	155	154	153
36	9	10	23	8	11	142	143	148	147	145	150	133
			158	149				21	12			
			141	128				42	29			
			139	130				40	31			
134	161	160	129	22	159	28	27	162	41	25	20	37
168	167	166	18	169	165	7	14	19	164	15	16	17
			138	131				39	32			
			137	132				38	33			
			136	135				35	34			

Fig. t.

33	31	109	106	108	65	107	34	105	110	30	32
22	20	120	119	54	116	117	23	118	121	19	21
44	42	98	96	64	51	97	99	95	100	41	43
61	56	68							77	89	84
86	92	67							78	53	59
60	55	74							71	90	85
76	79	73							72	66	69
87	93	82							63	52	58
62	57	75							70	88	83
102	104	45	49	81	94	48	46	50	47	103	101
124	126	24	26	91	29	28	122	27	25	125	123
113	115	35	39	37	80	38	111	40	36	114	112

Fig. 164.

151	162	173	184	33	257	36	254	105	39	251	48	242	116	127	138	149
161	172	183	113	34	256	37	253	115	40	250	49	241	126	137	148	150
171	182	112	114	35	255	38	252	125	47	243	50	240	136	147	158	160
181	111	122	124	104	186	102	188	135	101	189	97	193	146	157	159	170
51	52	53	96	1	288	3	286	246	285	6	283	8	217	190	199	201
239	238	237	194	281	10	279	12	44	13	276	15	274	93	100	91	89
54	55	56	95	17	272	19	270	209	269	22	267	24	210	211	200	215
236	235	234	195	265	26	263	28	81	29	260	31	258	80	79	90	75
110	121	123	134	244	46	249	41	145	248	42	247	43	156	167	169	180
57	58	59	64	32	259	30	261	245	262	27	264	25	205	206	208	203
233	232	231	226	266	23	268	21	45	20	271	18	273	85	84	82	87
60	61	62	63	16	275	14	277	204	278	11	280	9	212	213	214	216
230	229	228	227	282	7	284	5	86	4	287	2	289	78	77	76	74
120	131	133	144	224	66	222	68	155	220	70	218	72	166	168	179	109
130	132	143	154	225	65	223	67	165	221	69	207	83	176	178	108	119
140	142	153	164	219	71	196	94	175	197	93	198	92	177	107	118	129
141	152	163	174	187	103	202	88	185	192	98	191	99	106	117	128	139

Fig. 165.

				51	52	53	96	246	217	190	199	201				
				239	238	237	194	44	93	100	91	89				
				54	55	56	95	209	210	211	200	215				
				236	235	234	195	81	80	79	90	75				
33	257	36	254	151	162	173	184	105	116	127	138	149	39	251	48	242
34	256	37	253	161	172	183	113	115	126	137	148	150	40	250	49	241
35	255	38	252	171	182	112	114	125	136	147	158	160	47	243	50	240
104	186	102	188	181	111	122	124	135	146	157	159	170	101	189	97	193
244	46	249	41	110	121	123	134	145	156	167	169	180	248	42	247	43
224	66	222	68	120	131	133	144	155	166	168	179	109	220	70	218	72
225	65	223	67	130	132	143	154	165	176	178	108	119	221	69	207	83
219	71	196	94	140	142	153	164	175	177	107	118	129	197	93	198	92
187	103	202	88	141	152	163	174	185	106	117	128	139	192	98	191	99
				57	58	59	64	245	205	206	208	203				
				233	232	231	226	45	85	84	82	87				
				60	61	62	63	204	212	213	214	216				
				230	229	228	227	86	78	77	76	74				

Fig. 166.

91	84	89	113	28	21	26	9	69	68	73
86	88	90	114	23	25	27	8	74	70	66
87	92	85	115	24	29	22	7	67	72	71
117	119	121	120	10	11	12	118	13	14	16
46	39	44	116	58	65	60	6	80	75	82
41	43	45	15	63	61	59	107	81	79	77
42	47	40	17	62	57	64	105	76	83	78
5	3	1	4	112	111	110	2	109	108	106
49	54	53	18	100	93	98	104	35	36	31
56	52	48	19	95	97	99	103	30	34	38
51	50	55	20	96	101	94	102	37	32	33

Fig. 167.

120	117	119	121	10	[illegible]	12	13	14	16	118
113										9
114										8
115										7
116										6
15										107
17										105
18										104
19										103
20										102
4	5	3	1	112	[illegible]	110	109	108	106	2

Fig. 168.

120	117	119	121	10	11	12	13	14	16	118
113	67	78	89	100	21	32	43	54	65	9
114	77	88	99	29	31	42	53	64	66	8
115	87	98	28	30	41	52	63	74	76	7
116	97	27	38	40	51	62	73	75	86	6
15	26	37	39	50	61	72	83	85	96	107
17	36	47	49	60	71	82	84	95	25	105
18	46	48	59	70	81	92	94	24	35	104
19	56	58	69	80	91	93	23	34	45	103
20	57	68	79	90	101	22	33	44	55	102
4	5	3	1	112	111	110	109	108	106	2

Fig. 172.

300	307	284	291	298	53	71	86	125	132	109	116	123	356	371	389	250	257	234	241	248
306	288	290	297	299	54	72	87	131	113	115	122	124	355	370	388	256	238	240	247	249
287	289	296	303	305	55	73	88	112	114	121	128	130	354	369	387	237	239	246	253	255
293	295	302	304	286	56	82	89	118	120	127	129	111	353	360	386	243	245	252	254	236
294	301	308	285	292	57	[illegible]	[illegible]	119	126	133	110	117	352	359	385	244	251	258	235	242
1	2	3	4	5	421	415	411	6	7	8	9	10	420	413	422	414	416	417	418	419
11	12	13	14	15	408	406	405	16	17	18	19	42	407	403	412	398	402	404	409	410
45	46	47	48	49	374	381	378	50	51	52	43	41	383	377	384	375	376	379	380	382
175	182	159	166	173	69	84	91	225	232	209	216	223	351	358	373	275	282	259	266	273
181	163	165	172	174	70	85	92	231	213	215	222	224	350	357	372	281	263	265	272	274
162	164	171	178	180	361	341	349	212	214	221	228	230	93	101	81	262	264	271	278	280
168	170	177	179	161	362	342	334	218	220	227	220	211	108	100	80	268	270	277	279	261
169	176	183	160	167	363	343	335	219	226	233	210	217	107	99	79	269	276	283	260	267
397	396	395	394	393	58	65	59	392	391	390	399	401	64	61	68	67	66	63	62	60
431	430	429	428	427	30	39	35	426	425	424	423	400	37	36	34	44	40	38	33	32
441	440	439	438	437	20	29	22	436	435	434	433	432	31	27	21	28	26	25	24	23
200	207	184	191	198	364	344	336	325	332	309	316	323	106	98	78	150	157	134	141	148
206	188	190	197	199	365	345	337	331	313	315	322	324	105	97	77	156	138	140	147	149
187	189	196	203	205	366	346	338	312	314	321	328	330	104	96	76	137	139	146	153	155
193	195	202	204	186	367	347	339	318	320	327	329	311	103	95	75	143	145	152	154	136
194	201	208	185	192	368	348	340	319	326	333	310	317	102	94	74	144	151	158	135	142

Fig. 185.

116	90	92	94	133	126	106	109	120	100	93	132	134	136	114
7	1	3	5	218	216	212	214	213	215	217	6	4	2	162
21	15	17	19	204	202	197	199	200	201	203	20	18	16	163
35	28	31	33	190	188	183	186	185	187	189	34	32	30	164
49	42	45	47	176	174	165	171	172	173	175	48	46	44	168
159	56	59	71	158	156	145	160	153	151	157	72	60	57	161
144	74	77	86	143	141	88	146	129	137	142	87	78	76	147
111	135	131	130	98	99	107	113	119	127	128	96	95	91	115
82	150	148	139	84	89	97	80	138	85	83	140	149	152	79
67	169	166	154	69	75	73	66	81	70	68	155	167	170	65
177	182	180	178	51	53	54	55	61	52	50	179	181	184	58
191	196	194	192	37	39	41	40	43	38	36	193	195	198	62
205	210	208	206	23	25	26	27	29	24	22	207	209	211	63
219	224	222	220	9	11	13	12	14	10	8	221	223	225	64
112	123	122	121	102	101	108	117	118	125	124	105	104	103	110

Fig. 181.

		4		46		
2	40	1	44	3	42	43
		41		9		
		5	25	45		
		39		11		
48	10	47	6	49	8	7
		38		12		

Fig. 182.

1	2	40	44	42	43	3
4						46
41						9
5						45
39						11
38						12
47	48	10	6	8	7	49

Fig. 183.

		4		46		
		5		45		
2	40	1	42	3	43	44
		38		12		
48	10	47	8	49	7	6
		39		11		
		41		9		

Fig. 184.

1	2	40	42	43	44	3
4						46
5						45
38						12
39						11
41						9
47	48	10	8	7	6	49

Fig. 194.

33	64	22	84	66	35	17	79	67	38
96	95	1	3	94	88	4	2	93	29
9	10	86	87	16	18	89	90	19	81
56	52	78	28	47	48	73	23	55	45
62	43	77	21	41	42	80	24	58	57
39	61	25	69	59	60	32	76	40	44
50	46	75	30	54	53	71	26	49	51
92	91	11	12	85	83	14	15	82	20
5	6	99	97	7	13	98	100	8	72
63	37	31	74	36	65	27	70	34	68

Fig. 173.

1	899	898	4	98	9	891	890	12	803	17	883	882	20	405	496	99	801	800	102	196	107	793	792	110	705	115	785	784	118
896	6	7	893	86	888	14	15	885	815	880	22	23	877	406	495	798	104	105	795	184	790	112	113	787	717	782	120	121	779
8	894	895	5	87	16	886	887	13	814	24	878	879	21	407	494	106	796	797	103	185	114	788	789	111	716	122	780	781	119
897	3	2	900	93	889	11	10	892	808	881	19	18	884	408	493	799	101	100	802	191	791	109	108	794	710	783	117	116	786
75	82	77	84	76	90	812	825	828	81	823	822	818	816	409	492	173	180	175	182	172	188	714	727	730	179	725	724	720	718
25	875	874	28	97	33	867	866	36	804	41	859	858	44	410	491	123	777	776	126	195	131	769	768	134	706	139	761	760	142
872	30	31	869	813	864	38	39	861	88	856	46	47	853	411	490	774	128	129	771	715	766	136	137	763	186	758	144	145	755
32	870	871	29	809	40	862	863	37	92	48	854	855	45	427	474	130	772	773	127	714	138	764	765	135	190	146	756	757	143
873	27	26	876	91	865	35	34	868	810	857	43	42	860	458	443	775	125	124	778	189	767	133	132	770	712	759	141	140	762
826	819	824	817	820	811	89	76	73	827	78	79	83	85	459	442	728	721	726	719	722	713	187	174	171	729	176	177	181	183
49	851	850	52	807	57	843	842	60	94	65	835	834	68	460	441	147	753	752	150	709	155	745	744	158	192	163	737	736	166
848	54	55	845	806	840	62	63	837	95	832	70	71	829	431	470	750	152	153	747	708	742	160	161	739	193	734	168	169	731
56	846	847	53	805	64	838	839	61	96	72	830	831	69	432	469	154	748	749	151	707	162	740	741	159	194	170	732	733	167
849	51	50	852	821	841	59	58	844	80	833	67	66	836	433	468	751	149	148	754	723	743	157	156	746	178	735	165	164	738
399	503	504	505	497	498	499	487	412	413	415	416	417	418	500	400	419	481	428	429	438	439	440	444	455	456	447	453	451	452
502	398	397	396	404	403	402	414	489	488	486	485	484	483	501	401	482	420	473	472	463	462	461	457	446	445	454	448	450	449
702	205	697	203	197	699	269	632	301	596	303	598	599	306	434	467	337	560	339	562	563	342	367	534	666	241	661	239	233	663
200	207	693	692	210	701	271	630	300	296	604	603	299	601	435	466	336	332	568	567	335	565	369	532	236	243	657	656	246	665
201	690	212	213	687	700	280	621	589	311	310	309	590	594	436	465	553	347	346	345	554	558	378	523	237	654	248	249	651	664
695	214	688	689	211	206	294	607	312	593	592	591	308	307	437	464	348	557	556	555	344	343	392	509	659	250	652	653	247	242
703	691	209	208	694	195	288	613	606	602	297	298	605	295	430	421	570	566	333	334	569	331	386	515	667	655	245	244	658	234
202	696	204	698	704	199	629	272	595	305	597	304	302	600	475	426	559	341	361	340	338	564	531	370	238	660	240	662	668	235
285	274	275	291	293	290	270	612	614	615	678	617	618	625	476	425	383	372	373	389	391	388	368	514	516	517	530	519	520	527
616	627	626	610	608	611	289	631	287	286	273	284	283	276	477	424	518	529	528	512	510	513	387	533	385	384	371	382	381	374
684	223	679	221	215	681	623	278	319	578	321	580	581	324	478	423	355	542	357	544	545	360	525	376	648	259	643	257	251	645
218	225	675	674	228	653	624	277	318	314	586	585	317	583	479	422	354	350	550	549	353	547	526	375	254	261	639	638	264	647
219	672	230	231	669	682	619	282	571	329	328	327	572	576	506	395	535	365	364	363	536	540	521	380	255	636	266	267	633	646
677	232	670	671	229	224	620	281	330	575	574	573	326	325	507	394	366	539	538	537	362	361	522	379	641	268	634	635	265	260
685	673	227	226	676	216	622	279	588	584	315	316	587	313	508	393	552	548	351	352	551	349	524	377	649	637	263	262	640	252
220	678	222	680	686	217	609	292	577	323	579	322	320	582	430	471	541	359	543	358	356	546	511	390	256	642	258	644	650	253

Fig. 177.

28	31	14	21	36	19	26
44	1	45	3	46	2	34
10	7	38	39	41	8	32
23	13	30	25	20	37	27
40	42	9	11	12	43	18
6	48	4	47	5	49	16
24	33	35	29	15	17	22

Fig. 178.

38	7	10	39	32	8	41
45	1	44	3	34	2	46
14	31	28	21	26	19	36
30	13	23	25	27	37	20
35	33	24	29	22	17	15
4	48	6	47	16	49	5
9	42	40	11	18	43	12

Fig. 179.

29	4	36	13	20	46	27
2	1	40	42	43	3	44
35	5	17	19	26	45	28
16	38	18	25	32	12	34
22	39	24	31	33	11	15
48	47	10	8	7	49	6
23	41	30	37	14	9	21

Fig. 180.

1	2	40	42	43	44	3
4	29	36	13	20	27	46
5	35	17	19	26	28	45
38	16	18	25	32	34	12
39	22	24	31	33	15	11
41	23	30	37	14	21	9
47	48	10	8	7	6	49

Fig. 17[illegible]

9	1147	1146	12	48	1109	25	1131	1130	28	8	557	167	176	173	174	979	985	986	987	989	169	[illegible]	1149	59	1097	1096	62	98	1059	75	1081	1080	78
1144	14	15	1141	49	1108	1128	30	31	1125	7	558	181	188	191	192	962	968	971	972	184	976	[illegible]	1150	1094	64	65	1091	99	1058	1078	80	81	1075
16	1142	1143	13	46	1111	32	1126	1127	29	6	559	182	197	199	204	951	956	959	202	960	975	[illegible]	1151	66	1092	1093	63	96	1061	82	1076	1077	79
1145	11	10	1148	1116	41	1129	27	26	1132	5	327	183	196	208	209	947	946	212	949	961	974	[illegible]	1152	1095	61	60	1098	1066	91	1079	77	76	1082
58	57	52	50	43	1115	1101	1102	1103	1104	4	328	177	190	205	944	214	215	941	952	967	980	[illegible]	1153	108	107	102	100	93	1065	1051	1052	1053	1054
1099	1100	1105	1107	42	1114	56	55	54	53	3	570	970	957	950	216	942	943	213	207	200	187	[illegible]	1154	1049	1050	1055	1057	92	1064	106	105	104	103
17	1139	1138	20	1113	44	33	1123	1122	36	2	567	977	963	954	945	211	210	948	203	194	180	[illegible]	1155	67	1089	1088	70	1063	94	83	1073	1072	86
1136	22	23	1133	1112	45	1120	38	39	1117	1	564	978	964	955	953	206	201	198	958	193	179	[illegible]	1156	1086	72	73	1083	1062	95	1070	88	89	1067
24	1134	1135	21	1106	51	40	1118	1119	37	433	513	982	973	966	965	195	189	186	185	969	175	[illegible]	724	74	1084	1085	71	1056	101	90	1068	1069	87
1137	19	18	1140	1110	47	1121	35	34	1124	434	514	988	981	984	983	178	172	171	170	168	990	[illegible]	723	1087	69	68	1090	1060	97	1071	85	84	1074
608	609	610	611	612	613	614	615	616	617	1043	115	618	619	620	621	622	623	624	625	626	491	[illegible]	113	492	493	512	601	505	506	507	508	509	510
526	832	519	520	521	522	523	524	627	628	596	560	629	630	631	632	605	606	607	553	554	555	[illegible]	562	578	577	575	573	581	583	585	586	588	589
383	392	389	390	763	769	770	771	773	385	435	515	126	1032	124	1034	1035	122	1037	119	1039	117	[illegible]	722	275	284	281	282	871	877	878	879	881	277
397	404	407	408	746	752	755	756	400	760	436	516	137	1019	139	1017	141	142	1014	144	1012	1020	[illegible]	721	289	296	299	300	854	860	863	864	292	868
398	413	415	420	735	740	743	418	744	759	437	517	1000	158	998	160	996	995	163	993	165	157	340	720	290	305	307	312	843	848	851	310	852	867
399	412	424	425	731	730	428	733	745	758	438	518	147	1009	149	1007	151	152	1004	154	1002	1010	339	719	291	304	316	317	339	338	320	841	853	866
393	406	421	728	430	431	725	736	751	764	439	825	1021	1022	134	1024	131	132	1027	129	135	1030	332	718	285	298	313	336	322	323	333	844	859	872
754	741	734	432	726	727	429	423	416	403	440	826	136	128	1028	130	1026	1025	133	1023	1029	127	331	717	862	849	842	324	834	835	321	315	308	295
761	747	738	729	427	426	732	419	410	396	1045	827	1001	155	1003	153	1005	1006	150	1008	148	156	330	112	869	855	846	337	319	318	840	311	302	288
762	748	739	737	422	417	414	742	409	395	1046	828	166	992	164	994	162	161	997	159	999	991	329	111	870	856	847	845	314	309	306	850	301	287
766	757	750	749	411	405	402	401	753	391	1047	646	1011	145	1013	143	1016	1015	140	1018	138	146	[illegible]	110	874	865	858	857	303	297	294	293	861	283
772	765	768	767	394	388	387	386	384	774	1048	653	1040	125	1033	123	121	1036	120	1038	118	1031	504	109	880	873	876	875	286	280	279	278	276	882
831	325	638	637	636	635	634	633	530	529	395	565	528	527	526	525	552	551	550	604	603	602	397	561	579	580	582	584	576	574	572	571	569	568
549	548	547	546	545	544	543	542	541	540	1044	116	539	538	537	536	535	534	533	532	531	666	1042	114	665	664	645	556	652	651	650	649	648	647
225	931	930	228	264	893	233	923	922	236	933	654	351	353	359	360	795	801	802	803	804	352	503	224	441	715	714	444	480	677	457	699	698	460
928	230	231	925	263	892	920	238	239	917	934	655	368	376	372	374	366	784	786	788	782	789	502	223	712	446	447	709	481	676	696	462	463	693
232	926	927	229	262	895	240	918	919	237	935	656	364	381	345	809	808	349	810	350	776	793	501	222	448	710	711	445	478	679	464	694	695	461
929	227	226	932	900	257	921	235	234	924	936	657	365	382	338	822	337	334	821	819	775	792	500	221	713	443	442	716	684	473	697	459	458	700
274	273	268	266	259	899	885	886	887	888	937	658	361	777	344	341	817	814	816	339	380	796	499	220	490	489	486	482	475	683	669	670	671	672
883	884	889	891	258	898	272	271	270	269	938	659	800	778	813	815	343	340	342	818	379	357	498	219	667	668	673	675	474	682	488	487	486	485
241	215	914	244	897	260	249	907	906	252	939	660	787	779	824	336	823	820	335	333	378	370	497	218	449	707	706	452	681	676	465	691	690	468
912	246	247	909	896	261	904	254	255	901	940	661	790	780	807	348	346	811	347	812	377	367	496	217	704	454	455	701	680	477	688	470	471	685
248	910	911	245	890	267	256	902	903	253	594	662	794	375	785	783	791	373	371	369	781	363	495	563	458	702	703	453	674	483	472	686	687	469
913	243	242	916	894	263	905	251	250	908	591	663	805	799	798	797	362	356	355	354	353	806	494	566	705	451	450	708	675	479	689	467	466	692

Fig. 175.

22	18	1	8	16
2	5	23	15	20
7	17	13	9	19
24	11	3	21	6
10	14	25	12	4

Fig. 176.

5	2	23	20	15
18	22	1	16	8
17	7	13	19	9
14	10	25	4	12
11	24	3	6	21

Fig. 192.

11	6	25	24	31	14
9	1	32	33	2	34
22	10	16	17	27	19
18	29	20	21	8	15
28	35	5	4	36	3
23	30	13	12	7	26

Fig. 193.

1	9	32	33	34	2
6	11	25	24	14	31
10	22	16	17	19	27
29	18	20	21	15	8
30	23	13	12	26	7
35	28	5	4	3	36

Fig. 186.

117	124	74	77	79	90	135	101	91	136	147	149	152	108	115
217	214	1	3	5	7	216	212	215	218	6	4	2	213	162
203	200	15	17	19	21	202	199	201	204	20	18	16	197	163
189	186	28	31	33	190	188	185	187	35	34	32	30	183	164
175	172	42	45	47	176	174	171	173	49	48	46	44	168	165
159	158	56	59	71	161	160	156	157	73	72	60	57	154	145
123	105	76	78	80	95	99	107	127	131	146	148	150	114	116
104	106	139	143	144	138	128	113	98	88	82	83	87	120	122
110	112	141	140	133	137	100	119	126	89	93	86	85	121	103
67	68	169	166	154	153	69	70	66	65	155	167	170	75	81
51	54	182	180	178	177	53	55	152	150	179	181	184	58	61
37	40	196	194	192	191	39	41	38	36	193	195	198	43	62
23	26	210	208	206	22	25	27	24	205	207	209	211	29	63
9	12	224	222	220	8	11	14	10	219	221	223	225	13	64
111	118	142	132	134	129	96	125	130	97	92	94	84	102	109

Fig. 187.

118	127	136	56	66	71	76	89	150	155	160	170	98	107	116
126	135	95	57	67	72	85	97	141	154	159	169	106	115	117
218	217	215	1	3	5	7	214	162	6	4	2	216	213	212
204	203	201	15	17	19	21	200	202	20	18	16	199	197	163
189	188	187	28	31	33	190	186	35	34	32	30	185	183	164
175	174	173	42	45	47	176	172	49	48	46	44	171	168	165
134	94	96	65	68	73	192	105	74	153	158	161	114	123	125
93	102	104	167	157	149	80	113	140	77	69	59	122	124	133
101	103	112	166	156	146	151	121	75	80	70	60	130	132	92
51	52	53	182	180	178	177	54	50	179	181	184	55	58	61
37	38	39	196	194	192	191	40	36	193	195	198	41	43	62
22	23	25	210	208	206	24	26	205	207	209	211	27	29	63
8	9	11	224	222	220	62	12	219	221	223	225	10	13	14
109	111	120	144	143	145	147	129	79	81	83	82	131	91	100
110	119	128	142	138	139	128	137	78	87	88	84	90	99	108

Fig. 188.

119	42	47	51	130	141	152	73	84	95	106	175	179	184	117
129	44	48	52	140	151	81	83	94	105	116	174	178	182	118
139	45	49	155	150	80	82	93	104	115	126	71	177	181	128
149	168	165	72	79	90	92	103	114	125	127	154	61	58	138
5	1	3	7	212	217	216	215	214	213	218	6	4	2	162
19	15	17	21	197	200	202	201	203	204	199	20	18	16	163
33	28	31	35	183	189	185	187	190	188	186	34	32	30	164
78	171	173	159	89	91	102	113	124	135	137	67	53	55	148
193	196	194	192	43	37	41	39	36	38	40	191	195	198	62
207	210	208	206	29	26	24	25	23	22	27	205	209	211	63
221	224	222	220	14	9	10	11	12	13	8	219	223	225	64
88	170	167	54	99	101	112	123	134	136	147	172	59	56	77
98	169	50	156	100	111	122	133	144	146	76	70	176	57	87
108	46	161	157	110	121	132	143	145	75	86	69	65	180	97
109	166	160	158	120	131	142	153	74	85	96	68	66	60	107

Fig. 189.

120	133	146	159	27	194	172	53	66	32	199	79	92	105	118
132	145	158	171	28	45	63	65	78	181	198	91	104	117	119
4	5	6	219	1	3	218	217	13	215	2	214	216	182	180
17	18	201	206	14	16	205	204	203	202	15	19	26	174	175
144	157	170	62	193	189	64	77	90	37	33	103	116	129	131
156	169	61	74	30	190	76	89	102	36	196	115	128	130	143
168	60	73	75	31	41	88	101	114	185	195	127	140	142	155
59	72	85	87	29	187	100	113	126	39	197	139	141	154	167
71	84	86	99	192	188	112	125	138	38	34	151	153	166	58
83	96	98	111	184	183	124	137	150	43	42	152	165	57	70
95	97	110	123	177	186	136	149	162	40	49	164	56	69	82
209	208	25	20	211	24	21	22	23	210	212	207	200	52	51
222	221	220	7	224	11	8	9	213	223	225	12	10	44	46
107	109	122	135	178	191	148	161	163	35	48	55	68	81	94
108	121	134	147	176	47	160	173	54	179	50	67	80	93	106

Fig. 190.

125	144	163	182	201	86	220	5	24	140	43	62	81	100	119
143	162	181	200	219	87	17	23	42	139	61	80	99	118	124
161	180	199	218	16	103	22	41	60	123	79	98	117	136	142
179	198	217	15	34	104	40	59	78	122	97	116	135	141	160
1	3	21	36	173	4	37	38	206	224	174	207	208	191	172
197	216	14	33	39	156	58	77	96	70	115	134	153	159	178
215	13	32	51	57	171	76	95	114	55	133	152	158	177	196
12	31	50	56	75	154	94	113	132	72	151	170	176	195	214
30	49	68	74	93	157	112	131	150	69	169	175	194	213	11
48	67	73	92	111	155	130	149	168	71	187	193	212	10	29
225	223	205	190	53	2	189	188	20	222	52	19	18	35	54
66	85	91	110	129	138	148	167	186	88	192	211	9	28	47
84	90	109	128	147	137	166	185	204	89	210	8	27	46	65
102	108	127	146	165	121	184	203	209	105	7	26	45	64	83
107	126	145	164	183	120	202	221	6	106	25	44	63	82	101

Fig. 191.

16	14	17	18	201	206	205	204	203	19	26	174	175	15	202
3	1	4	5	6	219	218	217	13	214	216	182	180	2	215
194	27												199	32
45	28												198	181
189	193												33	37
190	30												196	36
41	31												195	185
187	29												197	39
188	192												34	38
183	184												42	43
186	177												49	40
191	178												48	35
47	176												50	179
11	224	222	221	220	7	8	9	213	12	10	44	46	225	223
24	211	209	208	25	20	21	22	23	207	200	52	51	212	210

Fig. 195.

1	88	82	62	65	143	142	80	83	63	57	4
13	9	11	131	129	126	127	128	130	12	10	44
24	20	22	120	118	115	116	117	119	23	21	55
35	31	33	109	107	104	105	106	108	34	32	66
98	42	45	97	95	93	53	94	96	46	43	68
140	89	91	67	72	6	7	73	78	54	56	137
8	58	60	76	74	138	139	71	69	85	87	5
47	102	99	49	51	52	92	50	48	100	103	77
110	113	111	37	39	41	40	38	36	112	114	79
121	124	122	26	28	130	129	27	25	123	125	90
132	135	133	15	17	19	18	16	14	134	136	101
141	59	61	81	75	3	2	70	64	84	86	144

Fig. 196.

1	140	52	58	63	142	3	82	87	93	143	6
23	116	19	21	121	118	119	120	22	20	117	54
34	65	30	32	110	105	106	109	33	31	107	108
99	51	41	43	100	95	96	98	44	42	97	64
132	128	53	59	78	15	16	67	86	92	131	13
138	11	66	69	72	9	10	73	76	79	134	133
7	137	88	83	70	135	136	75	62	57	8	12
18	14	89	84	77	130	129	68	61	56	17	127
46	94	103	101	47	50	49	45	102	104	48	81
111	80	114	112	36	40	39	35	113	115	38	37
122	29	125	123	25	27	26	74	124	126	28	91
139	5	90	85	71	4	141	74	60	55	2	144

Fig. 197.

1	143	3	54	62	141	140	83	91	6	138	8
136	10	134	55	80	12	13	65	90	131	15	129
108	43	106	33	35	56	103	36	34	107	104	105
60	61	93	44	46	94	95	47	45	96	97	92
17	127	19	88	78	125	124	67	57	22	122	24
120	26	118	86	69	28	29	76	59	115	31	113
32	114	30	87	70	116	117	75	58	27	119	25
121	23	123	64	77	21	20	68	81	126	18	128
85	84	52	100	98	51	50	99	101	49	48	53
37	102	39	111	109	89	42	110	112	38	41	40
16	130	14	82	72	132	133	73	63	11	135	9
137	7	139	66	74	5	4	71	79	142	2	144

Fig. 198.

1	143	3	141	61	139	6	84	138	8	136	10
53	89	54	85	51	86	87	52	88	66	90	69
134	12	132	14	62	130	129	83	17	127	19	11
21	123	23	121	81	25	26	64	118	28	116	124
114	32	112	34	71	110	109	74	37	107	39	31
95	103	43	47	82	45	46	63	98	48	96	104
50	42	102	101	80	99	100	65	44	97	49	41
40	106	38	108	73	36	35	72	111	33	113	105
115	29	117	24	78	120	119	67	27	122	22	30
20	126	18	128	68	16	15	77	131	13	133	125
92	56	91	60	93	59	58	94	57	79	55	76
135	9	137	7	70	5	140	75	4	142	2	144

Fig. 199.

100	43	41	99	51	95	96	97	64	42	44	98
110	32	30	34	65	105	106	107	108	31	33	109
121	21	19	23	116	118	119	117	54	20	22	120
63	58	52							93	87	82
78	59	53							92	86	67
72	69	66							79	76	73
70	83	88							57	62	75
77	84	89							56	61	68
71	85	90							55	60	74
25	123	125	122	29	27	26	28	91	126	124	24
36	112	114	111	80	40	39	38	37	115	113	35
47	101	103	46	94	50	49	48	81	104	102	45

Fig. 204.

1	143	3	57	141	65	80	140	88	6	138	8
41	101	42	33	102	111	110	99	36	47	100	48
136	10	134	58	12	66	79	13	87	131	15	129
17	127	19	83	125	75	70	124	62	22	122	24
120	26	118	85	28	76	69	29	60	115	31	113
49	50	93	108	94	38	39	91	105	92	55	56
96	95	52	40	51	106	107	54	37	53	90	89
32	114	30	86	116	77	68	117	59	27	119	25
121	23	123	84	21	78	67	20	61	126	18	128
16	130	14	63	132	71	74	133	82	11	135	9
104	44	103	109	43	35	34	46	112	98	45	97
137	7	139	64	5	72	73	4	81	142	2	144

Planche 33.

Fig. 200.

4	3	8	91	213	208	215	134	206	199	204	114	35	28	33
9	5	1	94	214	212	210	129	201	203	205	116	30	32	34
2	7	6	80	209	216	211	120	202	207	200	139	31	36	29
81	95	75	103	76	79	131	93	147	152	74	143	151	150	145
188	181	186	146	53	46	51	106	62	55	60	87	161	154	159
183	185	187	77	48	50	52	122	57	59	61	140	156	158	160
184	189	182	149	49	54	47	104	58	63	56	86	157	162	155
137	127	138	153	144	142	99	113	84	102	124	73	88	82	89
71	64	69	128	170	163	168	96	179	172	177	115	42	37	44
66	68	70	132	165	167	169	97	174	176	178	110	43	41	39
67	72	65	98	166	171	164	130	175	180	173	111	38	45	40
121	117	126	83	119	118	109	133	108	85	141	123	100	107	105
197	190	195	135	20	25	24	92	17	10	15	112	224	217	222
192	194	196	78	27	23	19	125	12	14	16	136	219	221	223
193	198	191	148	22	21	26	101	13	18	11	90	220	225	218

Fig. 201.

64	57	62	9	188	183	190	21	248	181	174	179	236	91	84	89
59	61	63	11	189	187	185	23	246	176	178	180	234	86	88	90
60	65	58	13	184	191	186	25	244	177	182	175	232	87	92	85
33	35	37	1	40	42	44	255	254	223	221	219	4	218	216	214
163	156	161	16	109	102	107	28	241	118	111	116	229	136	129	134
158	160	162	18	104	106	108	30	239	113	115	117	227	131	133	135
159	164	157	20	105	110	103	32	237	114	119	112	225	132	137	130
224	222	220	252	217	215	213	6	7	34	36	38	249	39	41	43
55	53	51	8	50	48	46	250	251	201	203	205	5	208	210	212
125	120	127	247	145	138	143	235	10	154	147	152	22	98	93	100
126	124	122	245	140	142	144	233	12	149	151	153	24	99	97	95
121	128	123	243	141	146	139	231	14	150	155	148	26	94	101	96
202	204	206	253	207	209	211	3	2	56	54	52	256	49	47	45
172	165	170	242	82	75	80	230	15	73	66	71	27	199	192	197
167	169	171	240	77	79	81	228	17	68	70	72	29	194	196	198
168	173	166	238	78	83	76	226	19	69	74	67	31	195	200	193

Fig. 203.

1	10	48	39	47	26	4
12	37	14	9	36	29	38
45	16	6	32	7	27	42
28	17	30	25	20	33	22
8	40	43	11	44	24	5
35	21	31	41	19	13	15
46	34	3	18	2	23	49

Fig. 203 bis.

1	48	10	39	26	47	4
45	6	16	32	27	7	42
12	14	37	9	29	36	38
28	30	17	25	33	20	22
35	31	21	41	13	19	15
8	43	40	11	24	44	5
46	3	34	18	23	2	49

Fig. 202 bis.

264	257	262	7	22	334	327	332	55	104	97	102	387	172	173	168	420	435	244	237	242
259	261	263	8	20	329	331	333	95	99	101	103	367	167	171	175	422	434	239	241	243
260	265	258	1	26	330	335	328	72	100	105	98	370	174	169	170	416	431	240	245	238
31	46	47	10	24	48	53	42	43	44	393	384	385	388	397	390	421	436	391	392	276
75	69	60	9	23	61	62	77	353	366	377	378	379	56	371	372	415	13	368	374	383
324	317	322	2	28	144	137	142	78	164	157	162	364	232	227	234	414	440	252	247	254
319	321	323	3	29	139	141	143	79	159	161	163	363	233	231	229	413	439	253	251	249
320	325	318	4	30	140	145	138	80	160	165	158	362	228	235	230	412	438	248	255	250
90	91	93	5	336	96	146	200	66	186	361	348	375	369	286	306	106	437	266	246	226
134	127	132	417	401	152	147	154	354	224	217	222	88	294	287	292	41	25	314	307	312
129	131	133	423	402	153	151	149	355	219	221	223	87	289	291	293	40	19	309	311	313
130	135	128	424	403	148	155	150	356	220	225	218	86	290	295	288	39	18	310	315	308
352	351	349	425	404	346	296	236	67	256	81	94	376	73	156	136	38	17	176	196	216
194	187	192	426	405	214	207	212	357	284	277	282	85	304	297	302	37	16	124	117	122
189	191	193	427	406	209	211	213	358	279	281	283	84	299	301	303	36	15	119	121	123
190	195	188	428	407	210	215	208	359	280	285	278	83	300	305	298	35	14	120	125	118
367	373	382	429	27	381	380	365	89	76	65	64	63	386	71	70	419	433	74	68	59
411	396	395	6	21	394	389	400	399	398	49	58	57	54	45	52	418	432	51	50	166
202	197	204	430	408	274	267	272	360	344	337	342	82	114	107	112	34	12	180	179	184
203	201	199	431	409	269	271	273	350	339	341	343	92	109	111	113	33	11	185	181	177
198	205	200	326	410	270	275	268	316	340	345	338	126	110	115	108	32	116	178	183	182

Fig. 202.

220	213	218	12	283	276	281	49	76	69	74	313	139	132	137	350	202	195	200
215	217	219	13	278	280	282	51	71	73	75	311	134	136	138	349	197	199	201
216	221	214	2	279	284	277	65	72	77	70	297	135	140	133	360	198	203	196
18	14	15	19	16	17	38	39	7	337	338	339	340	341	306	342	307	308	298
274	267	272	3	112	105	110	66	130	123	128	296	193	186	191	359	211	204	209
269	271	273	4	107	109	111	67	125	127	129	295	188	190	192	358	206	208	210
270	275	268	5	108	113	106	68	126	131	124	294	189	194	187	357	207	212	205
26	27	28	6	33	30	31	328	325	326	327	29	318	299	301	356	32	317	300
103	96	101	351	121	114	119	57	184	177	182	345	247	240	245	11	265	258	263
98	100	102	352	116	118	120	58	179	181	183	346	242	244	246	10	260	262	264
99	104	97	353	117	122	115	59	180	185	178	303	243	248	241	9	261	266	259
336	335	334	354	329	332	331	333	37	36	35	34	44	63	61	8	330	45	62
157	150	155	361	175	168	173	312	238	231	236	50	256	249	254	1	90	89	94
152	154	156	319	170	172	174	314	233	235	237	48	251	253	255	43	95	91	87
153	158	151	320	171	176	169	315	234	239	232	47	252	257	250	42	88	93	92
344	348	347	20	346	345	324	323	355	25	24	23	22	21	56	343	55	54	64
166	159	164	321	229	222	227	316	292	285	290	46	85	78	83	41	148	141	146
161	163	165	322	224	226	228	309	287	289	291	53	80	82	84	40	143	145	147
162	167	160	302	225	230	223	310	288	293	286	39	81	86	79	60	144	149	142

Fig. 205.

1	323	123	3	131	139	147	321	155	170	320	178	186	194	6	202	318	8
316	10	124	314	132	140	148	12	156	169	13	177	185	193	311	201	15	309
83	84	33	89	291	35	289	90	287	38	237	286	40	284	238	42	239	240
17	307	129	19	137	145	153	305	161	164	304	172	180	188	22	196	302	24
91	92	282	97	44	280	46	98	278	277	229	49	275	51	230	43	231	232
99	100	53	105	271	55	269	106	57	58	221	266	60	264	222	272	223	224
107	108	262	113	64	260	66	114	258	257	213	69	255	71	214	63.	215	216
300	26	130	298	138	146	154	28	162	163	29	171	179	187	295	195	31	293
115	116	243	121	251	75	79	122	77	78	205	246	80	244	206	252	207	208
210	209	82	204	74	250	249	203	247	248	120	76	245	81	119	73	118	117
32	294	197	30	189	181	173	296	165	160	297	152	144	136	27	128	299	25
218	217	72	212	254	70	256	211	68	67	112	259	65	261	111	253	110	109
226	225	263	220	61	265	56	219	268	267	104	59	270	54	103	62	102	101
234	233	52	228	274	50	276	227	48	47	96	279	45	281	95	273	94	93
301	23	198	303	190	182	174	21	166	159	20	151	143	135	306	127	18	308
242	241	283	236	41	285	39	235	37	288	88	36	290	34	87	292	86	85
16	310	199	14	191	183	175	312	167	158	313	150	142	134	11	126	315	9
317	7	200	319	192	184	176	5	168	157	4	149	141	133	322	125	2	324

Fig. 210.

15	57	19	21	54	55	58	25	65
9	1	10	66	68	69	70	5	71
18	2	45	52	29	36	43	80	64
56	3	51	33	35	42	44	79	26
59	4	32	34	41	48	50	78	23
60	74	38	40	47	49	31	8	22
62	75	39	46	53	30	37	7	20
73	77	72	16	14	13	12	81	11
17	76	63	61	28	27	24	6	67

Fig. 211.

1	9	10	66	68	69	70	71	5
57	15	19	21	54	55	58	65	25
2	18						64	80
3	56						26	79
4	59						23	78
74	60						22	8
75	62						20	7
76	17	63	61	28	27	24	67	6
77	73	72	16	14	13	12	11	81

Fig. 212.

1	80	15	9	46	68	67	79	4
77	6	17	10	47	66	65	7	74
25	26	58	28	50	52	22	53	55
11	12	19	44	37	42	63	70	71
48	49	21	39	41	43	61	33	34
64	62	69	40	45	38	13	20	18
57	56	60	54	32	30	24	29	27
8	75	59	72	35	16	23	76	5
78	3	51	73	36	14	31	2	81

Fig. 213.

58	25	26	28	50	52	53	55	22
15	1	80	9	46	68	79	4	67
17	77	6	10	47	66	7	74	65
19	11	12				70	71	63
21	48	49				33	34	61
69	64	62				20	18	13
59	8	75	72	35	16	76	5	23
51	78	3	73	36	14	2	81	31
60	57	56	54	32	30	29	27	24

Fig. 208.

48	1	20	22	44	46	64	15
8	3	24	53	54	55	7	56
13	2	25	39	38	28	63	52
14	61	36	30	31	33	4	51
23	60	32	34	35	29	5	42
47	59	37	27	26	40	6	18
57	58	41	12	11	10	62	9
50	16	45	43	21	19	49	17

Fig. 209.

3	8	24	53	54	55	56	7
1	48	20	22	44	46	15	64
2	13					52	63
61	14					51	4
60	23					42	5
59	47					18	6
16	50	45	43	21	19	17	49
58	57	41	12	11	10	9	62

Fig. 206.

30	34	31	32	17	16	15
7	1	38	40	41	6	42
11	2	28	21	26	48	39
13	3	23	25	27	47	37
36	45	24	29	22	5	14
43	44	12	10	9	49	8
35	46	19	18	33	4	20

Fig. 207.

1	7	38	40	41	42	6
34	30	31	32	17	15	16
2	11				39	48
3	13				37	47
45	36				14	5
46	35	19	18	33	20	4
44	43	12	10	9	8	49

Fig. 214.

25	75	11	35	38	64	65	90	74	28
72	30	12	42	39	60	61	89	31	69
18	19	9	20	80	79	78	91	77	34
43	47	33	1	99	98	4	68	58	54
46	50	88	96	6	7	93	13	55	51
56	52	87	8	94	95	5	14	45	49
57	53	86	97	3	2	100	15	44	48
83	82	10	81	21	22	23	92	24	67
32	70	85	59	62	41	40	16	71	29
73	27	84	66	63	37	36	17	26	76

Fig. 215.

9	18	19	20	80	79	78	77	34	91
11	25	75	35	38	64	65	74	28	90
12	72	30	42	39	60	61	31	69	89
33	43	47					58	54	68
88	46	50					55	51	13
87	56	52					45	49	14
86	57	53					44	48	15
85	32	70	59	62	41	40	71	29	16
84	73	27	66	63	37	36	26	76	17
10	83	82	81	21	22	23	24	67	92

Fig. 219.

4	24	2	19	16
25	6	20	13	1
9	21	15	8	12
17	11	5	18	14
10	3	23	7	22

Fig. 218.

14	20	18	11	2
6	12	8	15	24
17	9	4	19	16
5	21	25	13	1
23	3	10	7	22

Fig. 220.

			-12	+13	+12	-13
			+9	-14	-9	+14
			+3	+1	-3	-1
+11	-4	-7	+24			
-11	+4	+7				
+2	-8	+6				
-2	+8	-6				

Fig. 216.

1	8	9	2	61	62	73	74	79
56	29	52	5	18	71	51	32	55
6	49	34	7	69	66	35	46	57
78	12	10	44	37	42	72	70	4
63	68	67	39	41	43	15	14	19
60	58	65	40	45	38	17	24	22
76	36	47	75	13	16	48	33	25
26	50	31	77	64	11	30	53	27
3	59	54	80	21	20	28	23	81

Fig. 217.

34	49	6	7	69	66	57	46	35
52	29	56	5	18	71	55	39	51
9	8	1	2	61	62	79	74	73
10	12	78				4	70	72
67	68	63				19	14	15
65	58	60				22	24	17
54	59	3	80	21	20	81	23	28
31	50	26	77	64	11	27	53	30
47	36	76	75	13	16	25	33	48

Fig. 221.

40	5	30	37	12	13	38
15	25	35	16	39	34	11
20	45	10	22	24	28	26
29	14	32	1	48	47	4
21	36	18	44	7	8	41
23	33	19	9	42	43	6
27	17	31	46	3	2	49

Fig. 228.

1	23	48	13	39	47	4
24	40	26	5	30	33	17
44	27	7	37	11	8	41
19	15	31	25	35	28	22
32	20	18	45	10	14	36
9	38	42	16	21	43	6
46	12	3	34	29	2	49

Fig. 226.

47	26	23	9	30	24	16
8	49	35	22	17	40	4
36	13	12	43	29	37	5
25	31	11	32	18	19	39
14	2	45	21	7	48	38
42	10	15	28	33	1	46
3	44	34	20	41	6	27

Fig. 224.

49	8	35	22	17	4	40
26						24
13						37
31						19
2						48
44						6
10	42	15	28	33	46	1

Fig. 222.

-24	-15	+17	-10	+3	+8	+21
+15	+24	-17	+10	-3	-8	-21
-1	+1			+16		
+12	-12		+13			
-6	+6	0				
+23	-23					
-19	+19					

Fig. 229.

1	37	48	16	47	22	4
14	40	36	5	31	30	19
29	15	21	25	17	35	33
32	20	18	45	27	10	23
44	24	7	12	8	39	41
9	26	42	38	43	11	6
46	13	3	34	2	28	49

Fig. 227.

1	29	48	14	47	32	4
37	40	12	5	13	30	38
44	21	7	36	8	18	41
16	15	39	25	34	35	11
9	23	42	33	43	19	6
22	20	24	45	28	10	26
46	27	3	17	2	31	49

Fig. 225.

1	48	29	14	32	47	4
44	7	21	36	18	8	41
37	12	40	5	30	13	38
16	39	15	25	35	34	11
22	24	20	45	10	28	26
9	42	23	33	19	43	6
46	3	27	17	31	2	49

Fig. 223.

49	40	5	35	22	17	4
10	1	42	15	28	33	46
26	24	47	23	9	30	16
13	37	36	12	43	29	5
31	19	25	11	32	18	39
2	48	14	45	21	7	38
44	6	3	34	20	41	27

Fig. a.

1	48	+14	-8	-6	47	4
+11	+7	40	5	30	-7	-11
44	7	-12	+13	-1	8	41
-9	-3	15	25	35	+3	+9
9	42	+12	-13	+1	43	6
-2	-4	20	45	10	+4	+2
46	3	-14	+8	+6	2	49

Fig. b.

1	48	11	33	31	47	4
14	18	40	5	30	32	36
44	7	37	12	26	8	41
34	28	15	25	35	22	16
9	42	13	38	24	43	6
27	29	20	45	10	21	23
46	3	39	17	19	2	49

Fig. c.

-1	1	48	+7	47	4	-6
50	-8	+14	5	-14	+8	30
+13	44	7	-9	8	41	-4
15	+11	-12	25	+12	-11	35
-13	9	42	+9	43	6	+4
20	-3	-2	45	+2	+3	10
+1	46	3	-7	2	49	+6

Fig. d.

26			18			31
	33	11		39	17	
12			34			29
	14	37		13	36	
38			16			21
	28	27		23	22	
24			32			19

Fig. e.

-1	1	48	47	+7	-6	4
40	-8	+9	-9	5	30	+8
-12	44	7	8	+14	-2	41
+12	9	42	43	-14	+2	6
15	+11	+4	-4	25	35	-11
+1	46	3	2	-7	+6	49
20	-3	-13	+13	45	10	+3

Fig. f.

26				18	31	4
	33	16	34		30	17
37		7		11	27	
13			43	39	23	
	14	21	29	25		36
24	46			32	19	
20	28	38	12			22

Fig. g.

+22						-22
-20	-1	-6	-2	+3	+5	+21
-13						+13
+12						-12
+4						-4
-21	+1	+6	+2	-3	-5	+20
+16						-16

Fig. h.

+22						-22
-13						+13
-20	-6	-1	-2	+5	+3	+21
+12						-12
-21	+6	+1	+2	-5	-3	+20
+4						-4
+16						-16

Fig. i.

-7			-19			+19
	+14		-12		-6	+12
-21	+23	-20	+24	+13	-22	+3
			+4			-4
		-9	+11	-14		-11
+21	-23	+20	-5	-13	+22	-24
+2			-5			+3

Fig. k.

32	42	7	44	17	27	6
41	11	16	37	26	31	13
46	2	47	1	12	45	22
10	15	25	21	35	40	29
19	24	34	14	39	9	36
4	48	3	28	38	5	49
23	33	43	30	8	18	20

Fig. l.

	33	3	2	36	
	8	30	31	5	
	32	6	7	29	
	1	35	34	4	

Fig. m.

+17,5		+4,5	-4,5		-17,5
	-16,5	+0,5	-0,5	+16,5	
-3,5	-2,5	+5,5	-7,5	+6,5	+1,5
		-9,5	+9,5		
	+10,5	-8,5	+8,5	-10,5	
+3,5	+2,5	+7,5	-5,5	-6,5	-1,5

Fig. n.

1	6	14	23	31	36
32	35	18	19	2	5
22	21	13	26	12	17
34	29	28	9	8	3
7	4	27	10	33	30
15	16	11	24	25	20

Fig. o.

	20		46	37		27	
24		29			36		41
	18		21	48		43	
25		34			31		40
42		35			30		23
	47		44	17		22	
39		32			33		26
	45		19	28		38	

Fig. 230.

1	32	21	22	48	47	4
36	40	5	30	24	39	11
37	15	25	35	13	17	33
12	20	45	10	38	19	31
44	18	29	28	7	8	41
9	34	27	14	42	43	6
46	16	23	36	3	2	49

Fig. 231.

32	45	5	42	7	17	27
41	1	49	11	16	26	31
36	29	12	2	44	30	22
14	38	21	48	6	20	28
10	46	4	15	25	35	40
19	3	47	24	34	39	9
23	13	37	33	43	8	18

Fig. 232

+23	+21	-12	-11	-13	-3	-5
	-22	+22			+8	
	+24	-24		+9		
	+4	-4	+10			
	-20	+20		-9		
	-19	+19			+17	
-23	+12	-21	+11	+13	+3	+5

Fig. 233.

2	4	37	36	38	28	30
	47	3				
	1	49				
	21	29				
	45	5				
	44	6				
48	13	46	14	12	22	20

Fig. 234.

+19	+5	-23	+4	-13	-3	+11
	-17	-24	+24		+8	
		+22	-22	+9		
		+21	-21			
		+20	-20	-9		
	-8	-12	+12		+17	
-19	-5	-4	+23	+13	+3	-11

Fig. 235.

6	20	48	21	38	28	14
		49	1			
		3	47			
		4	46			
		5	45			
		37	13			
44	30	29	2	12	22	36

Fig. 236.

-7			-21	+21		-2
	+14		-12	+12	-1	
-22	+24	-19	-4	+11	+13	-3
			+23	-23		
		-9	+5	-5		
+22	-24	+19	-11	+4	-13	+3
+2			+20	-20		+7

Fig. 237.

			46	4		
			37	13		
47	1	44	29	14	12	28
			2	48		
			20	30		
3	49	6	36	21	38	22
			5	45		

Fig. 238.

+13,5	-17,5	+16,5	-4,5	+15,5	+9,5
-14,5	+12,5	-7,5	-3,5	+10,5	+2,5
-6,5	-8,5	+5,5	+11,5	-1,5	-0,5
+6,5	+8,5	-5,5	-11,5	+1,5	+0,5
+14,5	-12,5	+7,5	+3,5	-10,5	-2,5
-13,5	+17,5	-16,5	+4,5	-15,5	-9,5

Fig. 239.

5	36	35	23	3	9
33	6	26	22	8	16
25	27	13	7	20	19
12	10	24	30	17	18
4	31	11	15	29	21
32	1	2	14	34	28

Fig. 240.

+9,5	+1,5	-6,5	-0,5	-8,5	+4,5
-1,5	-9,5	+6,5	+0,5	+8,5	-4,5
-3,5	+3,5	4	34	35	1
-2,5	+2,5	29	7	6	32
-7,5	+7,5	5	31	30	8
+5,5	-5,5	36	2	3	33

Fig. 241.

9	17	25	19	27	14
20	28	12	18	10	23
22	15				
21	16				
26	11				
13	24				

Fig. 242.

28	12	18	10	23	20
15	4	34	35	1	22
16	29	7	6	32	21
11	5	31	30	8	26
24	36	2	3	33	13
17	25	19	27	14	9

Fig. 243.

	15			22	
12	28	18	10	20	23
	16			21	
	11			26	
25	17	19	27	9	14
	24			13	

Fig. 244.

+3,5					-3,5
+1,5	-10,5			-13,5	-1,5
-5,5	+9,5	-4,5	-8,5	+2,5	+6,5
-6,5	-9,5	+4,5	+8,5	-2,5	+5,5
-0,5	+13,5			+10,5	+0,5
+7,5					-7,5

Fig. 245

15					22
17					20
24	9	23	27	16	12
25	28	14	10	21	13
19					18
11					26

Fig. 246.

+14,5		+3,5	-3,5		+17,5
+5,5	+9,5	-4,5	-2,5	-6,5	-1,5
		-8,5	+8,5		
		+7,5	-7,5		
-5,5	-9,5	+2,5	+4,5	+6,5	+1,5
-17,5		-0,5	+0,5		-14,5

Fig. 247.

		15	22		
13	9	23	21	25	20
		27	10		
		11	26		
24	28	16	14	12	17
		19	18		

Fig. 248.

+14,5			-0,5	+0,5	+17,5
-6,5	-8,5	-3,5	+9,5	+7,5	+1,5
		+12,5	-4,5	+4,5	
		-11,5	+5,5	-5,5	
+6,5	+8,5	+3,5	-7,5	-9,5	-1,5
-17,5			-2,5	+2,5	-14,5

Fig. 249.

			19	18	
25	27	22	9	11	17
			23	14	
			13	24	
12	10	15	26	28	20
			21	16	

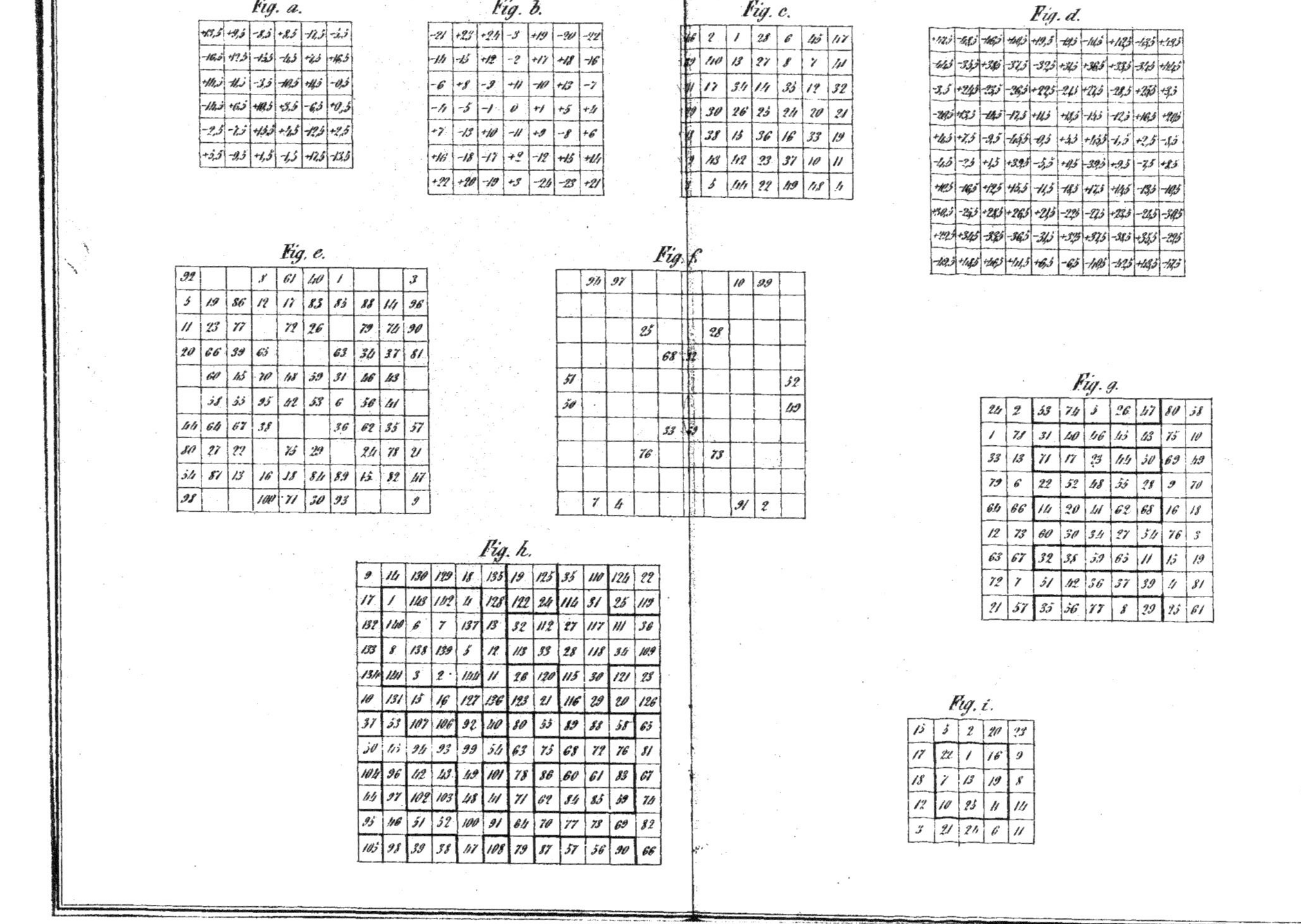

Fig. a.

+13,5	+9,5	-8,5	+8,5	-12,5	-5,5
-16,5	+17,5	-15,5	-4,5	+2,5	+16,5
+11,5	-11,5	-3,5	-10,5	+14,5	-0,5
-14,5	+6,5	+10,5	+3,5	-6,5	+0,5
-2,5	-7,5	+15,5	+4,5	-17,5	+2,5
+5,5	-9,5	+1,5	-1,5	+12,5	-13,5

Fig. b.

-21	+23	+24	-3	+19	-20	-22
-14	-15	+12	-2	+17	+18	-16
-6	+8	-9	+11	-10	+13	-7
-4	-5	-1	0	+1	+5	+4
+7	-13	+10	-11	+9	-8	+6
+16	-18	-17	+2	-12	+15	+14
+22	+20	-19	+3	-24	-23	+21

Fig. c.

46	2	1	28	6	45	47
39	40	13	27	8	7	41
31	17	34	14	35	12	32
29	30	26	25	24	20	21
18	38	15	36	16	33	19
9	43	42	23	37	10	11
3	5	44	22	49	48	4

Fig. d.

+47,5	-48,5	-46,5	+44,5	+19,5	-49,5	-10,5	+12,5	-43,5	+49,5
-44,5	-35,5	+38,5	-37,5	-32,5	+34,5	+36,5	+33,5	-34,5	+42,5
-3,5	+24,5	-25,5	-26,5	+22,5	-21,5	+27,5	-28,5	+25,5	+3,5
-20,5	+13,5	-14,5	-17,5	+11,5	+18,5	-15,5	-12,5	+16,5	+20,5
+4,5	+7,5	-9,5	-45,5	-0,5	+5,5	+45,5	-1,5	+2,5	-8,5
-4,5	-2,5	+1,5	+39,5	-5,5	+0,5	-39,5	+9,5	-7,5	+8,5
+40,5	-16,5	+12,5	+15,5	-11,5	-18,5	+17,5	+10,5	-13,5	-40,5
+30,5	-23,5	+28,5	+26,5	+21,5	-22,5	-27,5	+23,5	-24,5	-30,5
+42,5	+34,5	-38,5	-36,5	-31,5	+32,5	+37,5	-33,5	+35,5	-29,5
-41,5	+41,5	+46,5	+41,5	+6,5	-6,5	-40,5	-47,5	+48,5	-47,5

Fig. e.

92			8	61	40	1			3
5	19	86	12	17	83	85	88	14	96
11	23	77		72	26		79	74	90
20	66	39	65			63	34	37	81
	60	45	70	48	59	31	46	43	
	58	55	95	42	53	6	56	41	
44	64	67	38			36	62	35	57
80	27	22		75	29		24	78	21
54	87	13	16	18	84	89	15	82	47
98			100	71	30	93			9

Fig. f.

	94	97					10	99	
			25			28			
				68	32				
51									52
50									49
				33	69				
			76			73			
	7	4					91	2	

Fig. g.

24	2	53	74	5	26	47	80	58
1	78	31	40	46	45	43	75	10
33	13	71	17	23	44	50	69	49
79	6	22	52	48	55	28	9	70
64	66	14	20	41	62	68	16	18
12	73	60	30	34	27	54	76	3
63	67	32	38	59	65	11	15	19
72	7	51	42	36	37	39	4	81
21	57	35	56	77	8	29	25	61

Fig. h.

9	14	130	129	18	135	19	125	35	110	124	22
17	1	143	142	4	128	122	24	114	31	25	119
132	140	6	7	137	13	32	112	27	117	111	36
133	8	138	139	5	12	113	33	28	118	34	109
134	144	3	2	141	11	26	120	115	30	121	23
10	131	15	16	127	136	123	21	116	29	20	126
37	53	107	106	92	40	80	55	89	88	58	65
30	[illegible]	94	93	99	54	63	75	68	72	76	81
104	96	42	43	49	101	78	86	60	61	83	67
44	97	102	103	48	41	71	62	84	85	59	74
95	46	51	52	100	91	64	70	77	73	69	82
105	98	39	38	47	108	79	87	57	56	90	66

Fig. i.

15	5	2	20	23
17	22	1	16	9
18	7	13	19	8
12	10	25	4	14
3	21	24	6	11

Fig. 250.

-8,5	-0,5	+7,5	-3,5	-1,5	+6,5
	+9,5	-9,5		-16,5	
	-2,5	+2,5	+11,5		
	+5,5	-5,5	-12,5		
	-4,5	+4,5		+15,5	
+8,5	-7,5	+0,5	+3,5	+1,5	-6,5

Fig. 251.

27	19	11	22	20	12
	9	28			
	21	16			
	13	24			
	23	14			
10	26	18	15	17	25

Fig. 252.

-9,5	+2,5	+8,5	+0,5	-6,5	+4,5
36	5	29	-3,5	+3,5	4
+9,5	-2,5	-8,5	+6,5	-0,5	-4,5
2	31	7	-7,5	+7,5	34
3	30	6	+5,5	-5,5	35
33	8	32	-1,5	+1,5	1

Fig. 253.

28	16	10	18	25	14
			22	15	
9	21	27	12	19	23
			26	11	
			13	24	
			20	17	

Fig. 254.

+3,5					-5,5
-9,5	+8,5	-4,5	-3,5	+6,5	+2,5
-1,5		+11,5	+12,5		+1,5
+0,5		-12,5	-11,5		-0,5
-2,5	-8,5	+4,5	+3,5	-6,5	+9,5
+7,5					-7,5

Fig. 255.

13					24
28	10	23	22	12	16
20					17
18					19
21	27	14	15	25	9
11					26

Fig. 256.

+9,5	1	6	31	36	-9,5
-0,5	-6,5	+1,5	-5,5	+2,5	+8,5
-4,5	32	35	2	5	+4,5
-8,5	+6,5	-1,5	+5,5	-2,5	+0,5
-3,5	34	29	8	3	+3,5
+7,5	7	4	33	30	-7,5

Fig. 257.

9					28
19	25	17	24	16	10
23					14
27	12	20	13	21	18
22					15
11					26

Fig. 258.

+7,5					-7,5
-3,5	+6,5	+0,5	-2,5	-5,5	+4,5
-9,5		-16,5	+16,5		+9,5
+8,5		-10,5	+10,5		-8,5
+1,5	+11,5			-11,5	-1,5
-4,5	-6,5	-0,5	+2,5	+5,5	+3,5

Fig. 259.

11					26
22	12	18	21	24	14
28					9
10					27
17					20
23	25	19	16	13	15

Fig. 260.

+20,5	-31,5	-30,5	-26,5	-4,5	+29,5	28,5	+14,5
-27,5	+19,5	-25,5	-22,5	-7,5	+24,5	15,5	+23,5
-21,5	-13,5	+18,5	-12,5	-9,5	+16,5	11,5	+10,5
-8,5	-6,5	-3,5	+5,5	+17,5	-2,5	1,5	-0,5
+8,5	+6,5	+3,5	-5,5	-17,5	+2,5	0,5	+0,5
+21,5	+13,5	-18,5	+12,5	+9,5	-16,5	11,5	-10,5
+27,5	-19,5	+25,5	+22,5	+7,5	-24,5	15,5	-23,5
-20,5	+31,5	+30,5	+26,5	+4,5	-29,5	28,5	-14,5

Fig. 261.

12	64	63	59	37	3	4	18
60	13	58	55	40	8	17	9
54	46	14	45	42	16	21	22
41	39	36	27	15	35	34	33
24	26	29	38	50	30	31	32
11	19	51	20	23	49	44	43
5	52	7	10	25	57	48	56
53	1	2	6	28	62	61	47

Fig. 264.

9	55	20	46	37	27	54	12
24	29	1	63	62	4	36	41
25	35	60	6	7	57	30	40
32	14	21	48	43	18	15	49
16	50	44	17	22	47	51	13
42	52	8	58	59	5	33	23
39	34	61	3	2	64	31	26
53	11	45	19	28	38	10	56

Fig. 265.

		25	39	38	28		
17	47					46	20
44	22					23	41
		36	30	31	33		
		32	34	35	29		
24	42					43	21
45	19					18	48
		37	27	26	40		

Fig. 263.

	24		29	36		41	
20	9	46	55	54	37	12	27
	25		35	30		40	
21	52	48	14	15	43	49	18
44	16	17	50	51	22	13	47
	42		32	33		23	
45	53	19	11	10	28	56	38
	39		34	31		26	

Fig. 266.

		17	47	46	20		
		44	22	23	41		
25	39					38	28
36	30					31	33
32	34					35	29
37	27					26	40
		24	42	43	21		
		45	19	18	48		

Fig. 262.

1	+8,5	63	+3,5	-3,5	62	-8,5	4
+12,5	9	-13,5	55	54	-4,5	12	+5,5
60	+7,5	6	-2,5	+2,5	7	-7,5	57
+11,5	52	-15,5	14	15	-10,5	49	+14,5
-11,5	16	+15,5	50	51	+10,5	13	-14,5
8	-9,5	58	+6,5	-0,5	59	+9,5	5
-12,5	53	+13,5	11	10	+4,5	56	-5,5
61	-6,5	3	-1,5	+1,5	2	+6,5	64

Fig. 267.

17	47					46	20
9	55	25	39	38	28	54	12
52	14	36	30	31	33	15	49
44	22					23	41
24	42					43	21
16	50	32	34	35	29	51	13
53	11	37	27	26	40	10	56
45	19					18	48

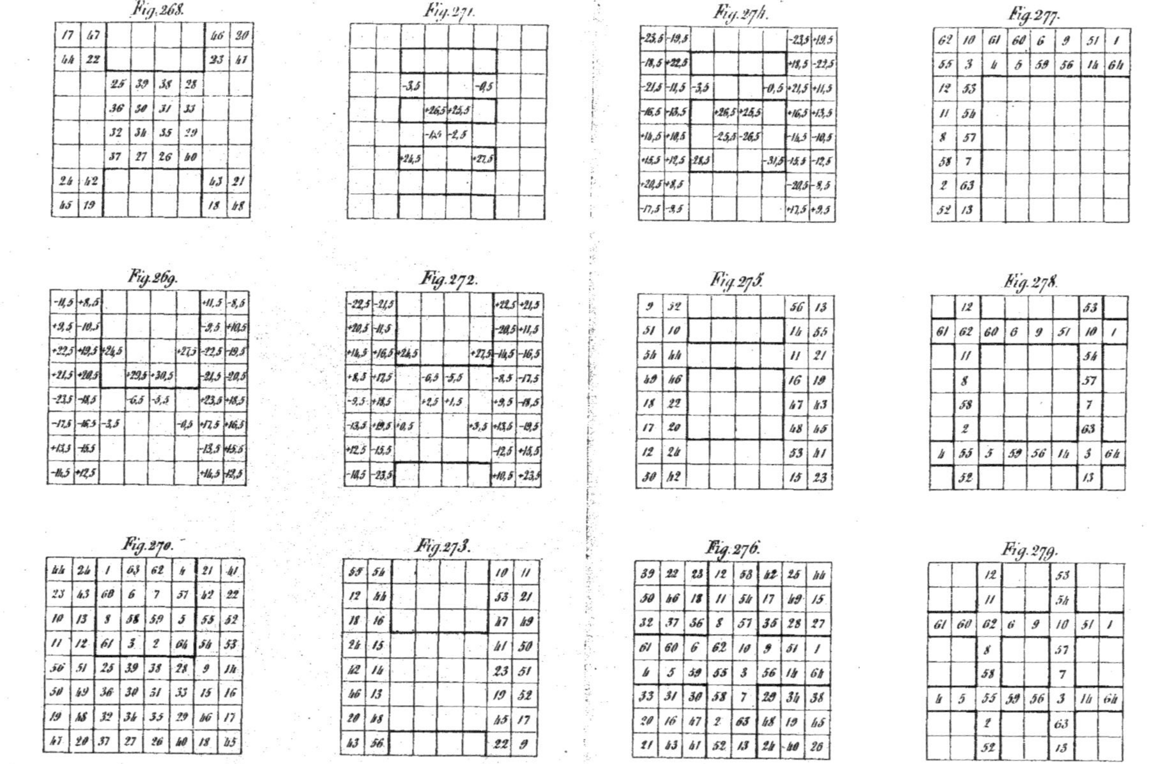

Fig. 268. Fig. 271. Fig. 274. Fig. 277.

Fig. 269. Fig. 272. Fig. 275. Fig. 278.

Fig. 270. Fig. 273. Fig. 276. Fig. 279.

Fig. 280.

-6,5	+18,5					-18,5	-11,5
	-29,5					+29,5	
+27,5	+22,5	-31,5	-26,5	-25,5	-28,5	+23,5	-24,5
	+21,5		-3,5	-2,5		-21,5	
	-19,5		+2,5	+3,5		+19,5	
-27,5	-23,5	-31,5	+26,5	+25,5	+28,5	-22,5	+24,5
	+30,5					-30,5	
+11,5	-20,5					+20,5	+6,5

Fig. 282.

-31,5							+31,5
-23,5	-17,5					+17,5	+23,5
+30,5	+28,5	+19,5	-27,5	+25,5	-20,5	-26,5	-29,5
-24,5			-3,5	-2,5			+24,5
+22,5			+2,5	+3,5			-22,5
+29,5	-28,5	-19,5	+27,5	-25,5	+20,5	+26,5	-30,5
+18,5	+12,5					-12,5	-18,5
-21,5							+21,5

Fig. 283.

64							1
56							9
2	4	13	60	7	53	59	62
57							8
10							55
3	61	52	5	58	12	6	63
14							51
54							11

Fig. 284.

-6,5			-22,5	+22,5			-11,5
-30,5	+25,5	+26,5	-29,5	+24,5	-23,5	-27,5	-20,5
		+14,5	-21,5	+21,5	+15,5		
			+31,5	-31,5			
			+28,5	-28,5			
		-14,5	+19,5	-19,5	-15,5		
+30,5	-25,5	-26,5	-24,5	+29,5	+23,5	-27,5	+20,5
+11,5			+18,5	-18,5			+6,5

Fig. 281.

	14					51	
	62					3	
5	10	1	59	58	61	9	57
	11					54	
	32					13	
60	56	64	6	7	4	55	8
	2					63	
	53					12	

Fig. 286.

-20,5	-1,5				+1,5		-25,5
-9,5	+12,5	-0,5	-10,5	+8,5	+4,5	-11,5	+6,5
	+5,5	-27,5			-5,5		
	-2,5		-17,5	-16,5	+2,5		
+9,5	-4,5	+0,5	+10,5	-8,5	-12,5	+11,5	-6,5
	-13,5	+15,5			+13,5		
	+7,5				-7,5	+27,5	
+25,5	-3,5				+3,5		+20,5

Fig. 285.

			55	10			
63	7	6	62	8	56	5	53
			54	11			
			1	64			
			4	61			
			13	52			
2	58	59	57	3	9	60	12
			14	51			

Fig. 287.

53	34	8	9	56	31	11	58
42	20	33	43	24	28	44	26
64	27	60	4	3	38	63	1
18	35	51	50	49	30	14	13
23	37	32	22	41	45	21	39
47	46	17	16	15	19	48	52
6	25	2	61	62	40	5	59
7	36	57	55	10	29	54	12

Fig. 288.

58	16	18	64	22	68	-4	+1	+3
12	4	76	74	10	70	-24	+38	-14
36	54	52	50	28	26	-36	+28	+8
46	34	32	30	48	56	+4	-1	-3
80	72	6	8	78	2	+36	-28	-8
14	66	62	20	60	24	+24	-38	+14
-2	-6	+34	+6	-34	+2	71	1	51
-16	-26	-22	+26	+22	+16	21	41	61
+18	+32	-12	-32	+12	-18	31	81	11

Fig. 289.

58	16	18	45	40	38	64	22	68
12	4	76	65	3	55	74	10	70
36	54	52	77	13	33	50	28	26
43	47	7				75	35	59
57	67	63				19	15	25
23	9	53				29	73	39
46	34	32	5	69	49	30	48	56
80	72	6	17	79	27	8	78	2
14	66	62	37	42	44	20	60	24

Fig. 290.

				+32	+31	-25	-20	-18
				+30	-24	-21	+29	-14
				-30	+24	+21	-29	+14
				-32	-31	+25	+20	+18
-26	+26	-28	+28	-4				
-22	+22	+19	-19					
+17	-17	+23	-23					
+16	-16	+13	-13					
+15	-15	-27	+27					

Fig. 291.

1	80	79	4	9	10	66	61	59
77	6	7	74	11	65	62	12	55
8	75	76	5	71	17	20	70	27
78	3	2	81	73	72	16	21	23
67	15	69	13	45	52	29	36	43
63	19	22	60	51	33	35	42	44
24	58	18	64	32	34	41	48	50
25	57	28	54	38	40	47	49	31
26	56	68	14	39	46	53	30	37

Fig. 292

1	80	9	10	66	61	59	79	4
77	6	11	65	62	12	55	7	74
67	15						69	13
63	19						22	60
24	58						18	64
25	57						28	54
26	56						68	14
8	75	71	17	20	70	27	76	5
78	3	73	72	16	21	23	2	81

Fig. 293.

1	77	70	3	4	69	71	2	72
5	81	12	79	78	13	11	80	10
6	76	46	55	64	17	26	35	44
8	74	54	63	23	25	34	43	45
75	7	62	22	24	33	42	51	53
73	9	21	30	32	41	50	52	61
68	14	29	31	40	49	58	60	20
66	16	37	39	48	57	59	19	28
67	15	38	47	56	65	18	27	36

Fig. 293.

1	70	3	4	69	71	2	72	77
6								76
8								74
75								7
73								9
68								14
66								16
67								15
5	12	79	78	13	11	80	10	81

Fig. 301.

			33	68	53	48			
			72	29	31	70			
			46	55	47	54			
65	41	40	19	81	80	22	57	27	73
69	37	62	78	24	25	75	38	67	30
32	64	39	26	76	77	23	63	34	71
36	60	61	79	21	20	82	44	74	28
			52	49	56	45			
			42	59	66	35			
			58	43	50	51			

Fig. 295.

+40	+33	+34	-31	-29	-30	-28	-24	+35
-20	-37						+37	+20
+21	+27	-38	-26	-25	+23	-36	+22	+32
-19	-17		+8		-1		+17	+19
+13	+16			0			-16	-13
+14	+15		+1		-8		-15	-14
-32	-22	+38	+26	+25	-23	+36	-27	-21
+18	-39						+39	-18
-35	+24	-34	+31	+29	+30	+28	-33	-40

Fig. 296.

1	8	7	72	70	71	69	65	6
61	78						4	21
20	14	79	67	66	18	77	19	9
60	58						24	22
28	25						57	54
27	26						56	55
73	63	3	15	16	64	5	68	62
23	80						2	59
76	17	75	10	12	11	13	74	81

Fig. 299.

19	81	80	22	-16,5 65	+9,5 61	+10,5 40	-6,5 57	+23,5 27	-22,5 73
78	24	25	75	-18,5 69	+13,5 37	-11,5 62	+12,5 38	-16,5 67	+20,5 30
26	76	77	23	+18,5 32	-13,5 64	+11,5 39	-12,5 63	+16,5 34	-20,5 71
79	21	20	82	+14,5 36	-9,5 60	-10,5 61	+6,5 44	-23,5 74	+22,5 28
+17,5 33	-17,5 68	-2,5 53	+2,5 48	89	8	9	92	11	94
-21,5 72	+21,5 29	+19,5 31	-19,5 70	6	2	98	97	5	95
+4,5 46	-4,5 55	+3,5 47	-3,5 54	18	87	86	85	14	13
-1,5 52	+1,5 49	-5,5 56	+5,5 45	83	17	16	15	84	88
+8,5 42	-8,5 59	-15,5 66	+15,5 35	100	96	3	4	99	1
-7,5 58	+7,5 43	+0,5 50	-0,5 51	7	93	91	10	90	12

Fig. 302.

		33	68			53	48		
		72	29			31	70		
65	41	19	81	40	57	80	22	27	73
69	37	78	24	62	38	25	75	67	30
		46	55			47	54		
		52	49			56	45		
32	64	26	76	39	63	77	23	34	71
36	60	79	21	61	44	20	82	74	28
		42	59			66	35		
		58	43			50	51		

Fig. 297.

+40	+32	-27	-17	+24	+36	-28	-26	-35
-19	-4			+34			-34	+19
+29	-14	-16	-38	+20	-31	+33	-13	+30
-30	+14	+16	+38	+13	+31	-33	-20	-29
-21				-37			+37	+21
+35	-32	+27	+17	+25	-36	+28	-24	-40
-23		+7		-18		-9	+18	+23
-26	+3			-39			+39	-26
+15				-22			+22	-15

Fig. 298.

1	9	68	58	17	5	69	66	76
60	45			7			75	22
12	55	57	79	21	72	8	54	11
71	27	25	3	28	10	74	61	70
62				78			4	20
6	73	14	24	16	77	13	65	81
64		34		59		50	23	18
67	38			80			2	15
26				63			19	56

Fig. 300.

19	81	65	41	40	57	27	73	80	22
78	24	69	37	62	38	67	30	25	75
33	68							53	48
72	29							31	70
46	55							47	54
52	49							56	45
42	59							66	35
58	43							50	51
26	76	32	64	39	63	34	71	77	23
79	21	36	60	61	44	74	28	20	82

Fig. 303.

+23,5 27	-18,5 69							+18,5 32	-23,5 74
-6,5 57	+22,5 28							-22,5 73	+6,5 44
-3,5 54	-14,5 65	+32,5 18					-37,5 13	+14,5 36	+3,5 47
		+9,5 41	-21,5 72	-8,5 59	+4,5 46	+17,5 33	-4,5 52		
		+12,5 38	+11,5 39	-20,5 71	-19,5 70	+19,5 40	+5,5 45		
		-12,5 63	-11,5 52	+20,5 30	+19,5 31	-10,5 61	-5,5 56		
		-9,5 60	+21,5 29	+8,5 42	-4,5 55	-12,5 68	+1,5 49		
-0,5 51	-13,5 64	-32,5 83					-37,5 88	+13,5 37	+0,5 50
+2,5 48	+16,5 36							-10,5 65	-2,5 53
-15,5 66	+7,5 43							-7,5 58	+15,5 55

Fig. 304.

32	43	47	19	81	80	22	56	58	69
89	8	9	35	38	65	64	92	11	94
6	2	98	39	61	60	42	97	5	95
18	87	86	70	27	34	71	85	14	15
73	66	50	75	24	25	75	51	55	28
68	57	53	26	76	77	23	48	44	33
83	17	16	31	73	67	30	15	84	88
100	96	3	62	40	41	59	4	99	1
7	93	91	66	63	36	37	10	90	12
29	30	52	79	21	20	82	49	45	72

Fig. 305.

89	8	9	43	46	57	56	92	11	94
31	72	33					63	29	70
6	2	98	53	55	44	45	97	5	95
66	28	62	78			75	39	73	35
18	87	86	74	30	34	64	85	14	13
83	17	16	27	71	67	37	15	84	88
65	33	60	26			23	41	68	36
100	96	3	54	51	48	49	4	99	1
40	69	42					59	32	61
7	93	91	47	50	53	52	10	90	12

Fig. 306.

9	57	12	80	42	59	91	13	90	16
32	74	29	75	46	55	70	28	71	25
1	95	4	94	56	45	99	5	98	8
33	62	63	37	65	67	35	40	43	60
68	39	38	64	34	36	60	61	58	41
84	22	81	23	48	53	18	80	19	77
24	82	21	83	57	44	78	20	79	17
93	3	96	2	51	50	7	97	6	100
76	30	73	31	52	49	26	72	27	69
85	11	88	10	54	47	15	89	14	92

Fig. 309 bis

47	1	143	65	80	98	3	141	140	6	138	8
55	130	10	68	77	60	134	12	13	131	15	129
109	95	104	40	105	33	94	32	33	46	57	49
84	17	127	103	42	61	19	125	124	22	122	24
83	120	26	43	102	62	118	25	29	115	31	113
44	32	114	69	76	101	30	116	117	27	119	25
35	54	56	106	38	111	100	97	57	59	78	79
34	91	89	107	39	110	45	45	53	86	67	66
82	121	23	90	55	63	123	21	20	126	18	128
81	16	130	70	75	64	14	132	133	11	135	9
74	137	7	72	73	71	139	5	4	142	2	144
112	50	41	37	105	36	51	93	92	99	58	96

Fig. 307.

65	79	78	68	41	101	102	44	111	100	46	33
76	70	71	73	47	97	96	50	94	35	109	52
72	74	75	69	98	48	49	95	51	110	36	93
77	67	66	80	104	42	43	101	34	45	99	112
53	5[illegible]	86	92	25	119	118	28	1	143	142	4
91	85	60	54	116	30	31	113	140	6	7	137
90	54	61	55	32	114	115	29	8	138	139	5
56	62	83	89	117	27	26	120	141	3	2	144
37	82	63	108	17	127	126	20	9	135	134	12
88	103	40	57	124	22	23	101	132	14	15	129
58	39	106	87	24	122	123	21	16	130	131	13
107	64	81	38	125	19	18	128	133	11	10	136

Fig. 308.

				112					93	52	33
				96					111	34	49
				50					35	110	95
				51				144	55	90	94
87	106	105	41	65	103	43	36	59	79	78	68
				54		135			56	89	91
				92	132				83	62	53
				37					84	61	108
			128	88					63	82	57
101	85	38	100	76	46	98	48	64	70	71	73
44	60	107	44	72	99	47	97	81	74	75	69
53	39	40	104	77	42	102	109	86	67	66	80

Fig. 309.

65	36	108	107	39	79	105	41	42	102	78	68
49					112					33	96
95					60				137	85	50
94					59			139		86	51
52					61		3			84	93
76	64	46	47	101	70	34	100	97	91	71	73
53					35					110	92
90				121	83					66	35
89			123		82					63	56
58		19			88					57	87
72	81	99	98	44	74	111	45	48	54	75	69
77	109	37	38	106	67	40	104	103	43	66	80

						73	74	204	205	169						
						217	216	86	85	121						
						75	76	203	200	171						
						215	214	87	90	119						
						77	78	201	202	167						
						213	212	89	88	123						
97	193	98	192	104	186	149	156	133	140	147	105	185	107	183	108	182
110	180	102	188	103	187	155	137	139	146	148	106	184	114	176	109	151
194	96	190	100	189	101	136	138	145	152	154	175	115	178	112	177	113
166	124	174	116	170	120	142	144	151	153	135	179	111	164	126	163	127
158	132	161	129	159	131	163	150	157	134	141	160	130	162	128	168	122
						80	79	196	197	173						
						210	211	94	93	117						
						82	81	198	199	165						
						208	209	92	91	125						
						83	84	195	191	172						
						207	206	95	99	118						

Fig. 311.

4	3	8	73	275	274	279	74	204	205	270	263	268	169	33	28	35
9	5	1	217	280	276	272	216	86	85	265	267	269	121	30	32	34
2	7	6	75	273	278	277	76	203	200	266	271	264	171	31	36	29
97	193	98	149	192	104	186	156	133	140	105	185	107	147	183	108	182
252	245	250	215	51	46	53	214	87	90	62	55	60	119	219	224	223
247	249	251	77	52	50	48	78	201	202	57	59	61	167	226	222	218
248	253	246	213	47	54	49	212	89	88	58	63	56	123	221	220	225
110	180	102	155	188	103	187	137	139	146	106	184	114	148	176	109	181
194	96	190	136	100	189	101	138	145	152	175	115	178	154	112	177	113
166	124	174	142	116	170	120	144	151	153	179	111	164	135	126	163	127
71	64	69	80	234	227	232	79	196	197	241	242	237	173	44	37	42
66	68	70	210	229	231	233	211	94	93	236	240	244	117	39	41	43
67	72	65	82	230	235	225	81	198	199	243	238	239	165	40	45	38
158	132	161	143	129	159	131	150	157	134	160	130	162	141	128	168	122
261	254	259	208	24	19	26	209	92	91	17	10	15	125	286	281	288
256	258	260	83	25	23	21	84	195	191	12	14	16	172	287	285	283
257	262	255	207	20	27	22	206	95	99	13	18	11	118	282	289	284

Fig. 312.

				73	74	204	205	169								
				217	216	86	85	121								
				75	76	203	200	171								
				215	214	87	90	119								
105	185	94	192	136	142	143	149	155	104	182	97	193	107	183	108	186
106	184	102	188	152	153	134	140	146	103	181	110	180	114	176	109	187
175	115	190	100	138	144	150	156	137	189	113	194	196	178	112	177	101
179	111	174	116	154	135	141	147	148	170	127	166	124	164	126	163	120
160	130	161	129	145	151	157	133	139	159	122	158	132	162	128	168	131
				77	78	201	202	167								
				213	212	89	88	123								
				80	79	196	197	173								
				210	211	94	93	117								
				82	81	198	199	165								
				208	209	92	91	125								
				83	84	195	191	172								
				207	206	95	99	118								

Fig. 313.

					105	104	108	193	107	183	186	97	98	185	192	182
					106	103	109	180	114	176	187	110	102	184	188	181
					175	189	177	196	178	112	101	194	190	115	100	113
					179	170	163	124	164	126	120	166	174	111	116	127
					160	159	168	132	162	128	131	158	161	130	129	122
217	216	86	85	121	222	72	221	65	226	58	232	59	231	239	51	64
83	84	195	191	172	67	219	70	224	62	57	233	240	50	53	237	228
75	76	203	200	171	66	220	71	223	63	230	60	241	49	234	56	227
215	214	87	90	119	225	69	218	68	229	235	55	40	250	54	236	61
77	78	201	202	167	249	242	37	52								
213	212	89	88	123	257	246	35	42								
80	79	196	197	173	256	245	36	43								
210	211	94	93	117	34	45	254	247								
82	81	198	199	165	33	44	255	248								
208	209	92	91	125	252	243	39	46								
73	74	204	205	169	38	47	251	244								
207	206	95	99	118	41	48	253	238								

Fig. 314.

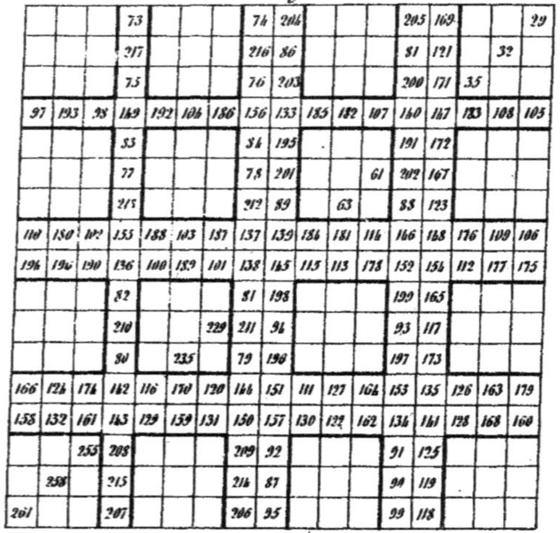

			73				74	204				205	169			29
			217				216	86				81	121		32	
			75				76	203				200	171	35		
97	193	98	149	192	104	186	156	133	185	182	107	140	147	183	108	105
			83				84	195				191	172			
			77				78	201			61	202	167			
			213				212	89		63		88	123			
110	180	102	155	188	103	187	137	139	184	181	114	166	148	176	109	106
194	196	190	136	100	189	101	138	145	115	113	178	152	154	112	177	175
			82				81	198				199	165			
			210			229	211	94				93	117			
			80		235		79	196				197	173			
166	124	174	142	116	170	120	144	151	111	127	164	153	135	126	163	179
158	132	161	143	129	159	131	150	157	130	122	162	134	141	128	168	160
		255	208				209	92				91	125			
	258		215				214	87				90	119			
261			207				206	95				99	118			

Fig. 315.

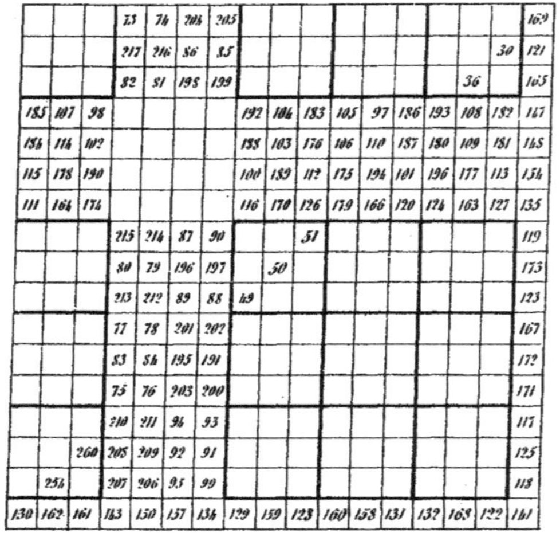

			73	74	204	205										169
			217	216	86	85									30	121
			82	81	198	199								36		165
185	107	98					192	104	183	105	97	186	193	108	182	147
184	114	102					188	103	176	106	110	187	180	109	181	148
115	178	190					100	189	112	175	194	101	196	177	113	154
111	164	174					116	170	126	179	166	120	174	163	127	135
			215	214	87	90			51							119
			80	79	196	197		50								173
			213	212	89	88	49									123
			77	78	201	202										167
			83	84	195	191										172
			75	76	203	200										171
			210	211	94	93										117
		260	205	209	92	91										125
	254		207	206	95	99										118
130	162	161	143	150	157	134	129	159	123	160	158	131	132	168	122	141

Fig. 316.

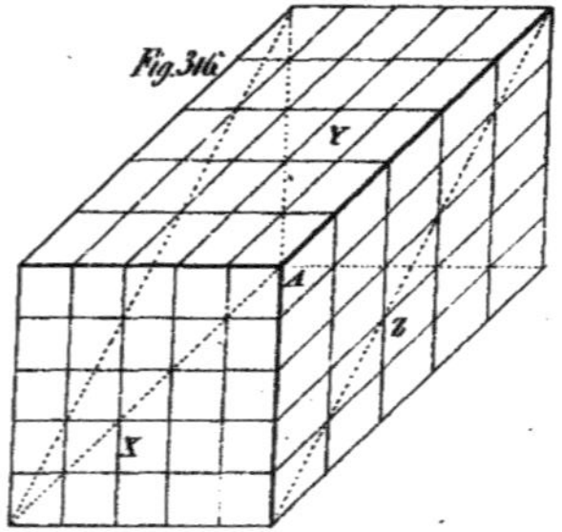

Fig. 318.

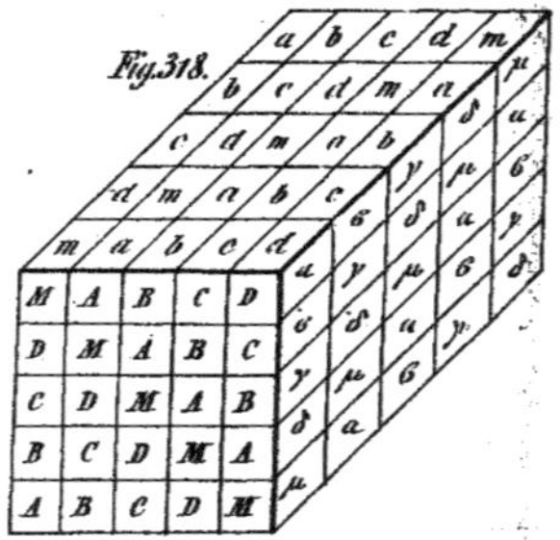

M	A	B	C	D
D	M	A	B	C
C	D	M	A	B
B	C	D	M	A
A	B	C	D	M

Fig. 317.

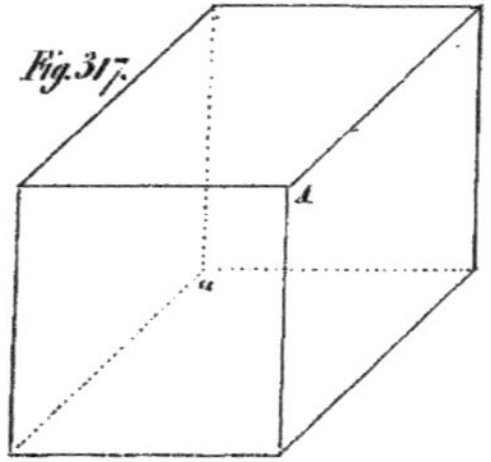

Fig. 319.

2	3	1
1	2	3
3	1	2

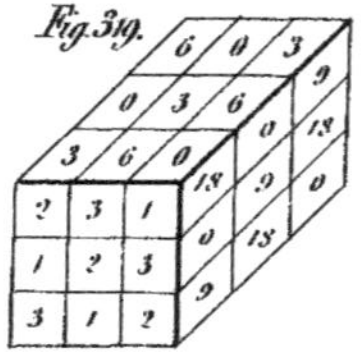

3	4	5	6	7	8	9	10	11	12	13	14	15	16	17	18	19	20	21	22	23	24	25	26
9	16	25	36	49	64	81	100	121	144	169	196	225	256	289	324	361	400	441	484	529	576	625	676

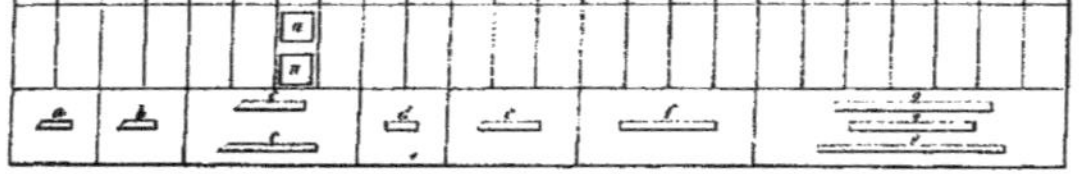

a b c c d e f g g g

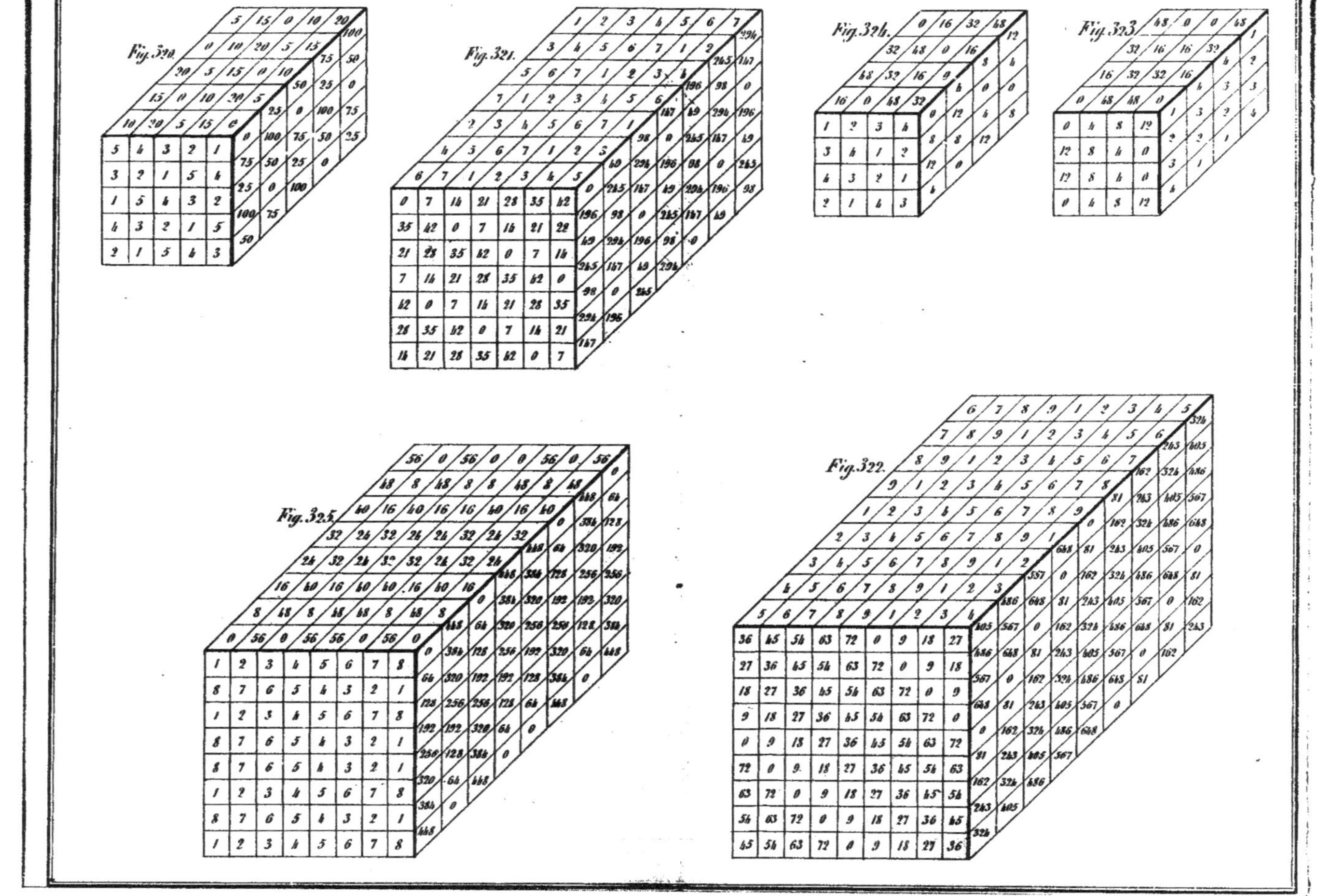

Fig. 320.

Fig. 321.

Fig. 324.

Fig. 323.

Fig. 325.

Fig. 322.

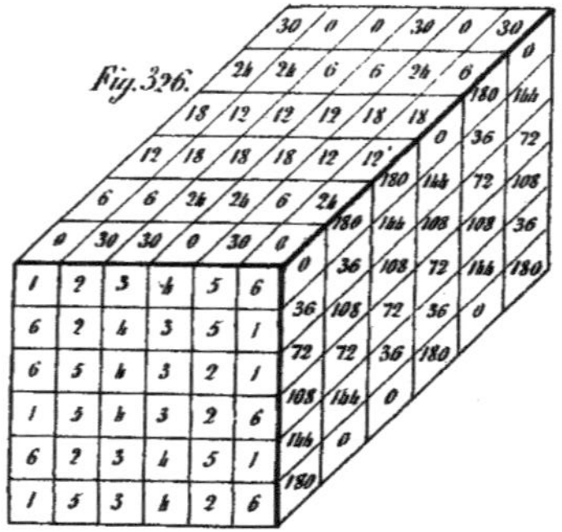

Fig. 326.

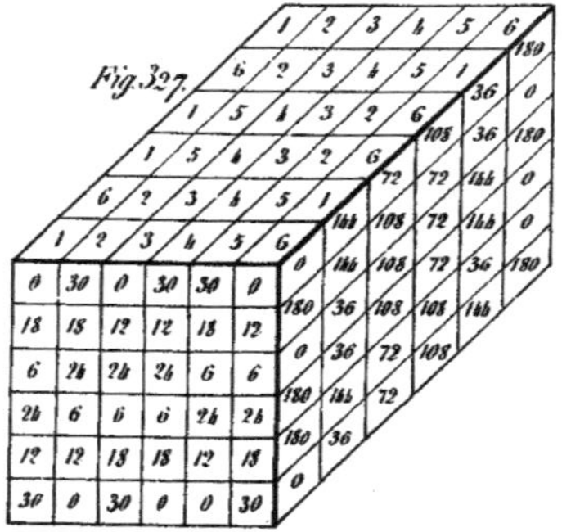

Fig. 327.

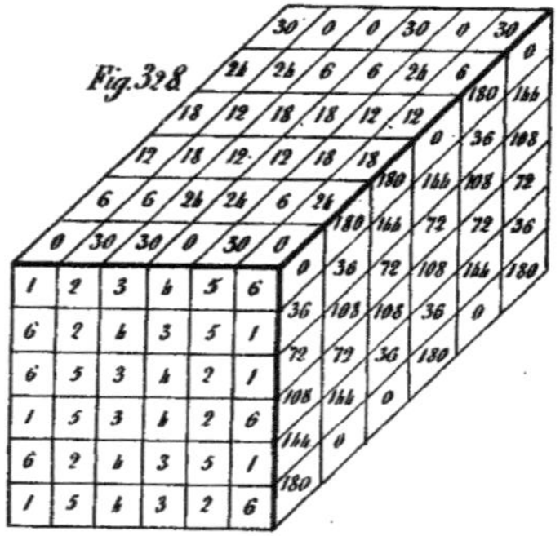

Fig. 328

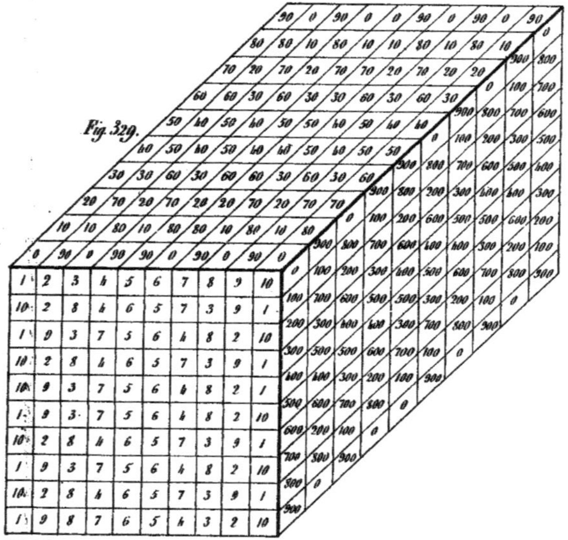

Fig. 329.

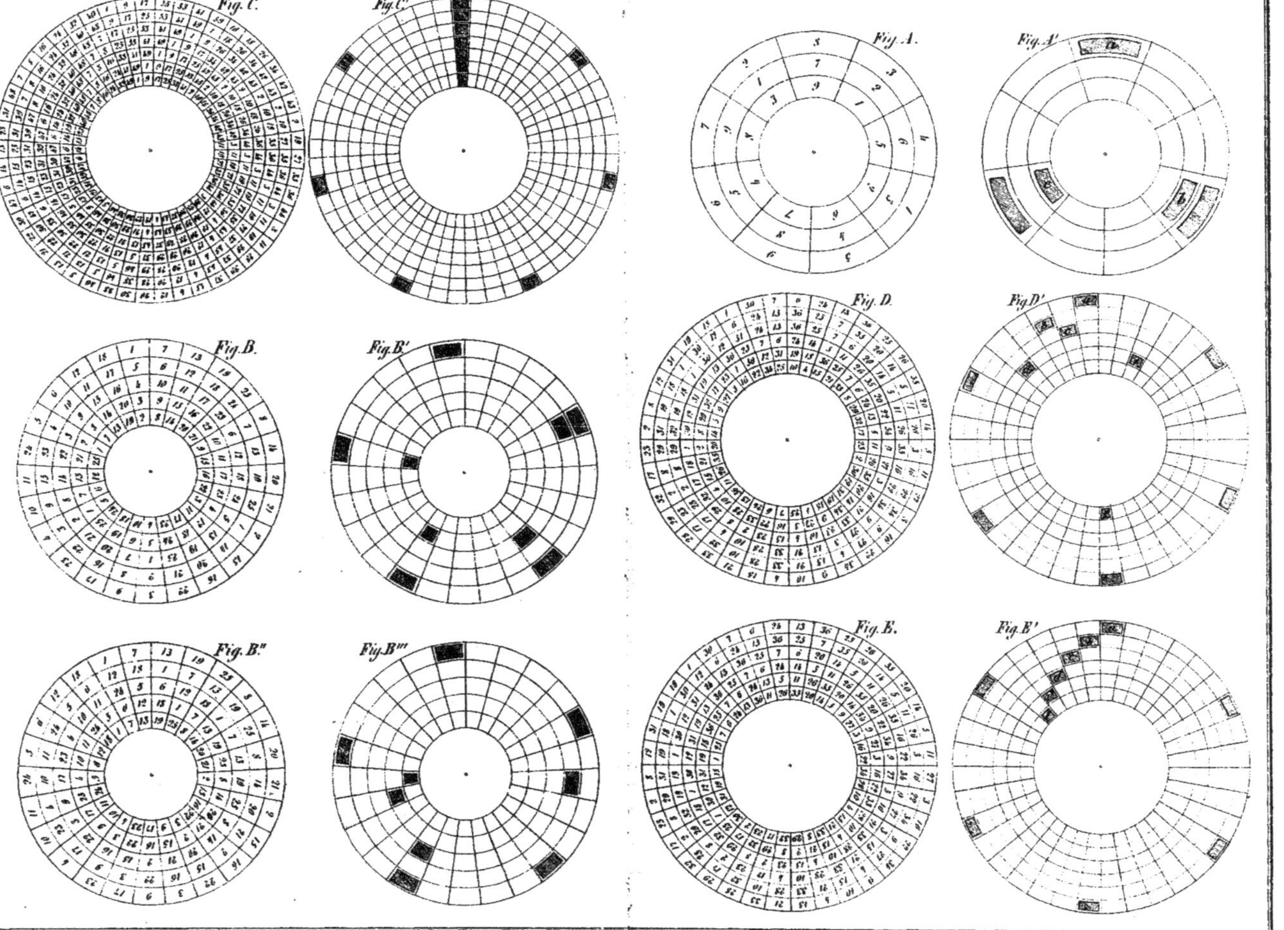

Fig. C.
Fig. C'
Fig. A.
Fig. A'
Fig. B.
Fig. B'
Fig. D.
Fig. D'
Fig. B''
Fig. B'''
Fig. E.
Fig. E'

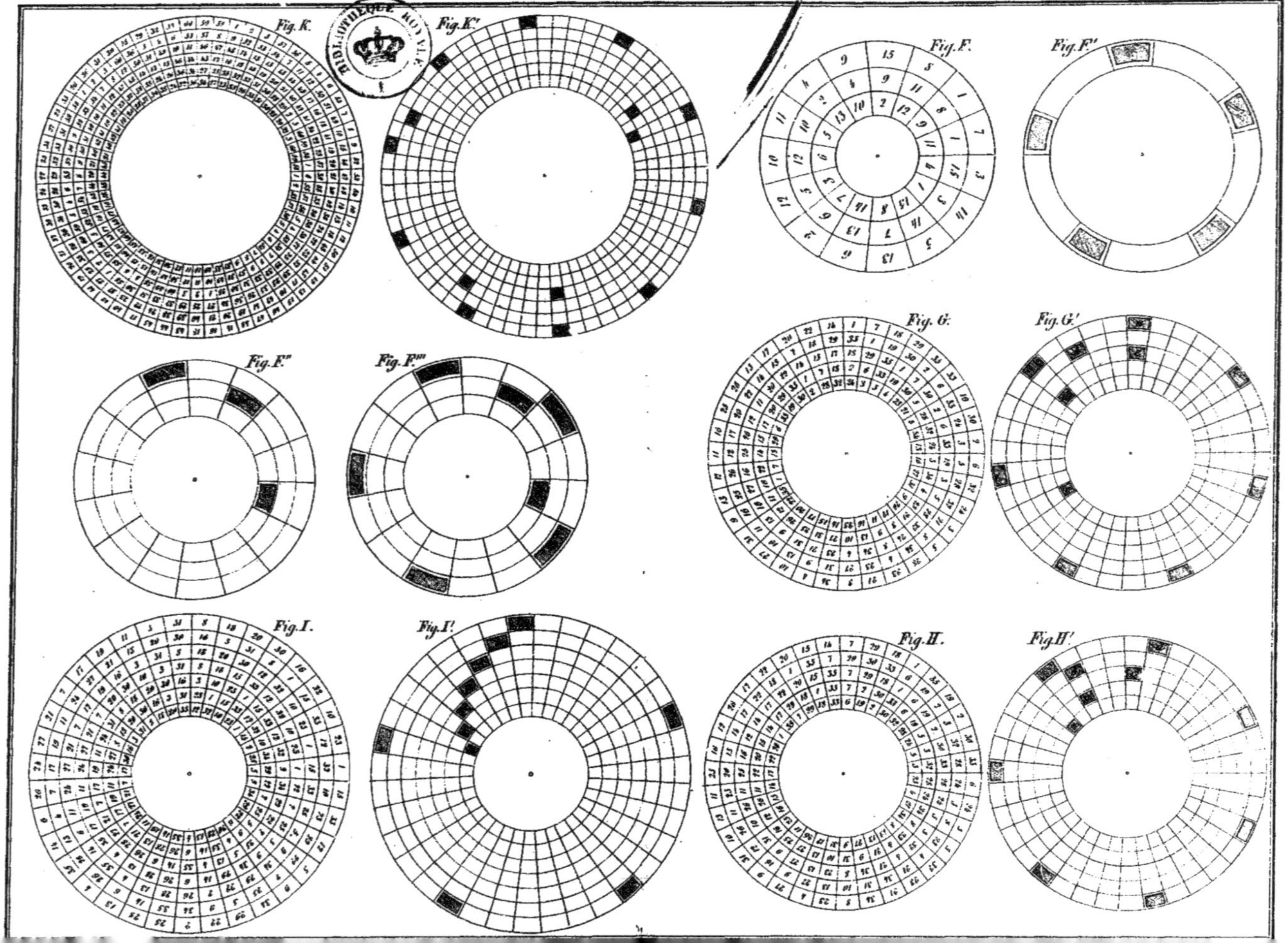

Fig. K.

Fig. K'.

Fig. F.

Fig. F'.

Fig. F''.

Fig. F'''.

Fig. G.

Fig. G'.

Fig. I.

Fig. I'.

Fig. H.

Fig. H'.

www.ingramcontent.com/pod-product-compliance
Ingram Content Group UK Ltd.
Pitfield, Milton Keynes, MK11 3LW, UK
UKHW020214200726
13856UKWH00004B/1396